世界でいちばん素敵な
花と草木の教室

The World's Most Wonderful Classroom of Flowers and Plants

クロッカス。

はじめに

街角で見かける花屋さんの
色とりどりの花は
季節の移り変わりを教えてくれます。

郊外に出かけたとき
足元に咲いている可憐な一輪の花に
驚かされ、心が豊かになります。

生活に彩りを与えてくれる
花々には、美しさとともに
いろいろな秘密が隠されています。

「花はなぜ毎年決まった時期に咲くの?」
「アジサイの色は、なぜ変わるの?」
「世界最高齢の木って何歳?」

不思議な花の世界を知ると
花の奥深さに驚かされるばかりです。

花の美しさと神秘を知ることで、
花がもっと好きになる
世界でいちばん素敵な
花と草木の教室のはじまりです。

タンポポ。

Contents
目次

P2	はじめに
P6	花はなぜ咲くの？
P10	花はなぜ毎年決まった時期に咲くの？
P14	植物はどうやって季節の変化を知るの？
P18	花の咲く植物は何種類あるの？
P22	花はどうしてカラフルなの？
P26	いい香りのする花があるのはなぜ？
P30	一度は行ってみたい世界の絶景花畑1
P32	花のつくりは花によって違うの？
P36	コケ植物やシダ植物は、なぜ花が咲かないの？
P40	植物の種は、どうやって広がるの？
P44	砂漠に咲く花はあるの？
P48	一度は行ってみたい世界の絶景花畑2
P50	アジサイの色は、なぜ変わるの？
P54	ヒマワリの花は、本当に太陽を追いかけるの？
P58	植物にも、休む時間はあるの？
P62	アサガオが朝早くから咲くのはなぜ？
P66	タンポポには花びらが何枚あるの？
P70	バラのトゲはなんのためにあるの？
P74	一度は行ってみたい世界の絶景花畑3
P76	よく似た花の見分け方を教えて！

赤いアスパラガスの実。

- P80　葉が緑色なのはなぜ？
- P84　葉の中にある筋はなに？
- P88　なぜ木の枝は枝分かれするの？
- P92　秋になると、なぜ木の葉が落ちるの？
- P96　竹は木なの？
- P100　一度は行ってみたい世界の絶景花畑 4
- P102　キノコって、植物なの？
- P106　海草と海藻は同じものなの？
- P110　植物は、どうやって自分の体を守っているの？
- P114　植物の先祖はなに？
- P118　植物がなくなったら、どうなるの？

- P122　一度は行ってみたい世界の絶景花畑 5
- P124　世界でいちばん大きな花は？
- P128　植物はどのくらいまで背が高くなるの？
- P132　世界最高齢の木って何歳くらい？
- P136　バラ以外で種類の多い植物を教えて。
- P140　面白い姿をした花を教えて！
- P144　めったに咲かない花を教えて！
- P148　花の女王がバラなら、王様もあるの？

- P155　植物名索引
- P156　フォトグラファーリスト
- P158　主な参考文献

Q

花はなぜ咲くの？

チューリップのつぼみとパンジーの花。

A
子孫を増やすためです。

昆虫たちは花から甘い蜜をもらい、その代わり昆虫たちは花粉を運んで、
その花の種を増やす手伝いをさせられるのです。

Q 花はなぜ咲くの？

花の美しさは、昆虫たちへのアピールです。

植物と昆虫の関係は、2億年前にまでさかのぼることができます。
植物は花粉を運んでもらう代わりに、昆虫に花の蜜を与えます。
このように植物と昆虫は、
花を介してウィンウィンの関係を太古から続けてきたのです。

Q 花はなぜ春や秋に多く咲くの？

A 厳しい季節が来る前に、種子をつくっておくためです。

植物は暑さや寒さが大の苦手です。春に咲いて早めに種子をつくっておけば、種子は暑い夏を生き延びることができます。秋に咲いて寒い冬が来る前に種子をつくるのも、厳しい冬を生き延びるためです。

春。チューリップのつぼみと花。

夏や冬が来る時期を植物はどうやって知るの?

A 夜と昼の長さの変化から知ります。

本格的に暑くなったり寒くなったりする前に、夜の長さが短くなったり長くなったりします。植物の葉はこの変化をとらえて、夏や冬の訪れる時期を前もって知ることができます。目がない植物は、葉の細胞の1つひとつに光を感じるたんぱく質があり、それによって日の長さの移り変わりを知ることができます。

夕陽とコスモス。

COLUMN チョウやミツバチには、花はどう見えている?

チョウやミツバチなどの昆虫は、人間には見ることのできない紫外線を見る眼を持ち、紫外線が当たった部分が色変わりして見えます。そこに花の蜜があるので、狙いたがわず蜜にありつけるのです。じっさい、紫外線が映る特殊カメラで花を撮影すると、どんな花も中心が色変わりして映ります。昆虫はこの色変わりした部分の中心に、花の蜜があることを知っているのです。これに対しヒトやほかの動物は、可視光よりも波長の短い紫外線は見ることができません。

タンポポで蜜を吸うスジグロシロチョウ。右の丸の中あたりがチョウには色変わりして見える範囲。

東京の桜の名所、千鳥ヶ淵の夜桜。

Q 花はなぜ毎年決まった時期に咲くの？

A 気温や日の長さの変化を感じて、咲く時期を知ります。

たとえばサクラは、前年の夏から、翌年の開花の準備をします。冬に芽が成長し始め、気温が上がってくる春にいっせいに咲き始めます。

Q 花はなぜ毎年決まった時期に咲くの？

決まった時期に咲くことで、子孫を残せる確率が高くなる。

同じなかまの花が、ばらばらの時期に咲いてしまうと、
花粉のやり取りができなくなる恐れがあります。最悪、子孫を残せません。
これを避けるためには、同じなかまの花は、同時期に咲いたほうが
子孫を残せる確率が高くなるというわけです。

① サクラはなぜ春に咲くの？

A 夏の準備と越冬が必要な花だからです。

前年の夏には、つぼみのもとになる芽がつくられ、年末には、つぼみがほぼでき上がります。寒い冬につぼみが死なないように、固く小さな鱗片（りんぺん）でつぼみを守り、冬を休眠してやりすごし、春になって開花します。なお、ソメイヨシノが10月頃に咲く「狂い咲き」という現象は、でき上がっていたつぼみが休眠する前に気温が急に上昇したために起きるとされています。ちなみに、チューリップも夏に花芽（かが）ができ、冬を越す必要のある花です。

② サクラのソメイヨシノばかりが、注目されるのはなぜ？

A 春の到来を知らせる花として各地にあり、いちばん目立つからです。

ソメイヨシノは挿し木や接ぎ木で増えるため、性質や成長のしかたがみな同じです。そのため植樹が容易で、全国に広がり、春の訪れを知らせる花になりました。

冬芽（とうが）は、厳しい冬を乗り越え、しかもエサ不足の動物に食べられないようにするために固い鱗片で守られています。

ソメイヨシノ。

Q3 ソメイヨシノがいっせいに咲いたり、散ったりするのはなぜ？

A じつはクローン植物だからです。

挿し木や接ぎ木で増え、性質や成長のしかたがみな同じソメイヨシノはクローン植物で、どの個体もDNA（遺伝子）は同じです。そのため、春が来るといっせいに咲き、散るときも歩調を合わせていっせいに散るように見えます。1本のソメイヨシノの咲き始めから満開までが約1週間。各花の寿命は約3日です。「いっせいに」といっても、同時に満開になり、同時に散るわけではありません。

COLUMN ソメイヨシノの名の秘密

明治直前に江戸駒込の染井村にいた植木屋さんがオオシマザクラとエドヒガンというサクラを交配してつくったと言われています。奈良の有名な吉野山のサクラにあやかって「吉野桜」の名で売り出したら、花つきがよく、葉が目立たず成長も早いので全国に広まりました。しかし、吉野山のサクラはヤマザクラで、調べたらこの「吉野桜」とは違っていました。そこで、ソメイヨシノと正式に命名されたのです。ちなみに、ソメイヨシノを挿し木や接ぎ木で増やすのは、もとのソメイヨシノの優れた形質の個体を増やすためです。また、自分の花粉を自分のめしべにつける自家受粉では種子はできません。これを自家不和合性といいます。

ソメイヨシノは自家不和合性

吉野山のヤマザクラ。

13

Q
植物はどうやって季節の変化を知るの？

ライトアップされた大長藤（オオナガフジ）。あしかがフラワーパーク（栃木県）。

A
夜の長さから、
季節の変化を知ります。

植物の葉は「日の長さ」、正確には「夜の長さ」を感じています。日が長くなる（夜が短くなる）と、花を咲かせる準備をする植物や、日が短くなる（夜が長くなる）と、花を咲かせる準備をする植物があります。

Q 植物はどうやって季節の変化を知るの？

おもに日長の変化をとらえて花を咲かせる季節を知ります。

日長、つまり日の長さの変化は、季節の変化と深くつながっています。
植物は、日長時間の変化によって季節を知り、
花を咲かせるタイミングをとらえているのです。
逆にこの性質を利用して、人工的に季節離れに花を咲かせることもできます。

Q キクの花は1年中あるけど、なぜ？

A 人工的に夜の短い状態をつくって栽培しているからです。

日長の変化は季節の変化です。野外のキクの場合、日が短くなり、夜が長くなると、つぼみをつけます。しかし、照明のつく屋内で人工的に日を長くし、夜を短くすると、つぼみをつけません。出荷日が決まると、照明を消し、黒いカーテンなどで覆い、人工的に夜を長くすることで、つぼみがつき花が咲くのです。これを「電照栽培」といい、このキクを「電照菊」といいます。

電照栽培の様子。

カラフルなキクの花。キクは人工的に日長時間を長くし、咲くタイミングを調節することにより、いつでも出荷できるようにすることが可能です。

長日植物のアブラナ(菜の花)の畑(背景は浜離宮庭園と汐留高層ビル群)。

短日植物のイネと稲穂。

Q2 夜(暗闇)の長さによって花はどんな影響を受けるの?

A 花の咲くタイミングが決まります。

夜が長くなると花を咲かせる「短日植物」(キクやイネなど)と、夜が短くなると花を咲かせる「長日植物」(アブラナのなかまのシロイヌナズナなど)があります。日の長さに関係なく花を咲かせる「中性植物」(トウモロコシやトマトなど)もあります。

COLUMN 寒い冬に咲く花

ビワの花。

花粉を運ぶ昆虫もあまりいない冬に咲く花があります。ビワ、スイセン、シクラメンなどです。ビワは気温が最低10℃あれば、花粉がめしべに到達して受粉することができます。これを自家受粉といいます。また強い芳香を放ち、ヒヨドリやメジロ(鳥)、暖かい日にはミツバチやハナアブ(昆虫)などが受粉を媒介します。スイセンは自家受粉では種子をつくりませんので、園芸では球根で増やします。シクラメンは、ほうっておくと自家受粉でどんどん種子をつくり、種子を取り除かないと花は枯れますが、残った球根で咲かせることができます。ただし株分けできないので、咲くのは一株だけです。もちろん種子で咲かすこともできます。

Q
花の咲く植物は
何種類あるの？

イギリスのストアブリッジに咲き誇るポピー畑。

A
20万種以上ある
と言われています。

Q 花の咲く植物は何種類あるの？

花を咲かせる植物のことを「種子植物」といいます。

植物には、花を咲かせる種子植物のほかにも、花が咲かず種子もつくらずに、胞子という生殖細胞で増える「コケ植物」や「シダ植物」があります。

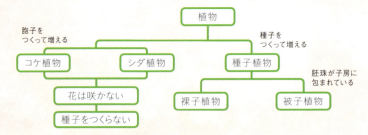

世界最初の花はいつ現れたの？

A 約1億6200万年以上前の花の化石が見つかっています。

種子植物には2つの種類があり、1つは、花らしい花を咲かせる「被子植物」、もう1つは、ちょっと花には見えない花を咲かせる「裸子植物」です。地球上に花が現れたのは約2億年前と言われています。1億6200万年前の恐竜時代のジュラ紀に咲いていた花は、化石が見つかった世界最古の被子植物とされています。花の大きさは約1cmです。

上は、モクレンの花。モクレンのなかまの花は、古い形をしていると言われています。恐竜時代のある日、モクレンの花粉を食べに来たコガネムシが、花粉を体につけてほかの花に移動したとき、たまたま花粉をめしべにつけて受粉が行われ、こうして昆虫と花との関係が始まったと考えられています。
左はニューカレドニアの山地だけに自生する、常緑低木のアムボレラの花。花の大きさは1cmもなく、祖先の誕生は恐竜時代のジュラ紀にさかのぼるとされています。受粉を、裸子植物のように風にまかせたり、被子植物のように昆虫に頼ったりする、とても珍しい被子植物です。

被子植物のコスモスなどが咲き乱れる野原。

Q2 サクラのような植物と、マツのような植物、どう違うの?

A 種子で増えるのは共通ですが、種子のもとになるところに違いがあります。

種子植物には、種子のもと(胚珠)が葉の変形した子房に包まれている「被子植物」(ふつうによく見かける花)と、裸でむき出しになった「裸子植物」(マツ、スギ、イチョウなど)があります。コスモスなどよく見かける花のほとんどは、被子植物で、全陸上植物の90%は被子植物です。

裸子植物のソテツとその花。裸子植物は、被子植物より原始的で、世界最初の種子植物は約3億7000万年前に生息していたと考えられています。

Q 花はどうしてカラフルなの？

Q 花はどうしてカラフルなの？

花の色には、
2つの役目があります。

花の色は、昆虫や鳥などを呼び寄せ、花粉を運んでもらうためのアピールです。
もう1つは、紫外線対策です。
花の色素には、紫外線から生じる有害な活性酸素を消す働きがあります。
もともと植物は紫外線から身を守るために色素を獲得しました。
約2億年前から昆虫や鳥と蜜や花粉のやり取りを盛んにするようになって、
色とりどりの花が生まれてきたと考えられています。

花を色どる色素はたくさんあるの？

A じつは3つしかありません。

植物には、葉が緑色になる葉緑素（クロロフィル）のほか、花を色付けする色素には、フラボノイド、カロテノイド、ベタレインの3つしかありません。花の色の大半は、赤、紫〜青の広範囲の色を発色するアントシアニン（フラボノイドの一種）から生まれます。

アントシアニンで発色したペチュニア。スミレ、ヤグルマギクなどもアントシアニンで発色します。

カロテノイドで発色したマリーゴールド。ニンジン、トマト、カボチャなど、赤みがかっただいだい色を発色します。

ベタレインで発色したブーゲンビリア。赤ビート、マツバボタン、サボテンの花などもベタレインで発色しますが、この色素を含む植物は多くありません。

花の色と色素の関係

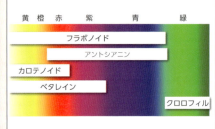

花の色と色素（アントシアニンは、花の色の代表的なフラボノイド系の色素）。1つの色素が発色する色の範囲は広いです。

白いジャスミンの花と葉。

Q2 白い花には白い色素があるの?

A 白い色素というものはありません。

白い花には、アントシアニンのなかまであるフラボンやフラボノイドという色素があり、これらは太陽光の色を吸収せず、素通りさせる性質があります。白く見える花びらはじつは透明なのですが、空気の泡がたくさんあるために白く見えるのです。ビールの泡が白く見えるのと同じです。

COLUMN 青いバラはあるの?

バラは古代から品種改良され、さまざまな色を獲得してきましたが、青いバラだけはできませんでした。そのため青いバラには、欧米では「実現不可能な夢」という意味があり、アラビアンナイトの世界では、手に届くことのない愛と幸福の象徴としてとらえられています。しかし近年、バイオテクノロジーと遺伝子操作によって、青いバラや青いカーネーションの開発に成功しています。

Q いい香りのする花が あるのはなぜ？

群馬県沼田市のラベンダー畑。黄色く見えるのは、ラベンダーの蜜を吸いに来たミツバチ。

A
昆虫を
呼び寄せるためです。

Q いい香りのする花があるのはなぜ？

花には子孫を残すための
さまざまなしかけがあります。

色、形、蜜、花粉などとともに、香りも花が子孫を残す大切なしかけの1つです。昆虫は、花のさまざまなしかけに引き寄せられ、子孫を増やす手伝いをするのです。ちなみに、鳥は鼻が鈍いので、花の香りには刺激されません。

ユリのなかま、アガパンサスの花に近づくミツバチ。名前は、ギリシア語のアガペ（愛）とアントス（花）からきています。

見通しの悪い山中や夜に咲く花は、その芳香で昆虫たちを引き付けます。写真は、チョウとユリの花。

Q バラの香りって、みんな同じなの？

A 1つのバラに500種類以上の香りの成分があり、香りは多彩です。

1つのバラから発散される香りの成分は、500種類を超え、実験では、明るい時間帯に多く発散されることが分かっています。そういうわけでバラは、大昔から昆虫だけでなく、人もとりこにしてきました。

Q2 においのしない花ってあるの?

A あります。たとえば、ヒマワリはにおいません。

身近な花では、たとえばタンポポ、ヒマワリ、レンゲソウ、アサガオなどはほとんどにおいがしません。またフリージアのように、長年の品種改良によって、においがしなくなった花もあります。

Q3 いい香りがする花を教えて。

A 春はバラ、夏はクチナシなどが有名です。

花の香りは、化学物質からできたいろいろな香りの成分がカクテルのようにブレンドされたものです。たとえば「クチナシの香り」という単独の香り成分があるわけではありません。「いい香りの花」というのは、いろいろな「香り成分」のカクテルがうまくブレンドされた花のことなのです。

いい香りのするキンモクセイの花。1970～1990年代前半までは、トイレの芳香剤は、キンモクセイの香りが主流でしたが、現在はすたれています。

Q4 花の香りはどこから出るの?

A おもに花びらから出ます。

昼間だけ、あるいは夜間だけ香りを出す花もたくさんあります。昼間はハチやチョウが活躍しますが、夜は夜行性のガが活躍する時間です。こうしてにおいを発散する花は、適切な時間に適切な昆虫を呼び寄せるのです。

夜にだけ咲き、変なにおいを発散させるドラゴンフルーツの花。朝になると花はしぼみます。

一度は行ってみたい世界の絶景花畑 1

花と愛の伝説で絶景を楽しむ

花 ルピナス(和名はハウチワマメ)の原産地は、地中海沿岸地方と南北アメリカ、南アフリカなどで、200種以上が分布しています。ニュージーランド南島の山を望むハイキングロード沿いやテカポ湖畔で、初夏にヨーロッパから持ち込まれたルピナスが咲き乱れます。

伝説 フランスの「アルセーヌ・ルパン」シリーズの『虎の牙』に、ルピナスが登場します。ルピナスは、フランス語で「ルパン」です。『虎の牙』では、引退したルパンが、自分の姓になぞらえ、庭にルピナスを多数植えている描写で作品の最後を飾ります。花ことばは、「貪欲」「いつも幸せ」「想像力」など。

ニュージーランド南島、マウントクックの高原で咲き乱れるルピナス。

Q
花のつくりは
花によって違うの？

フリージア。花の真ん中には、めしべと、それを囲むように花粉をたくさんつけたおしべが見えます。

A
それほど違わず、
共通点が多いです。

Q 花のつくりは花によって違うの？

花は「生殖器官」、葉や茎は「栄養器官」です。

花は、胚珠が種子になり、生殖器官の役目をしています。
胚珠には卵細胞が、花粉には精細胞があり、
胚珠は受粉によって受精し、種子がつくられます。
水分や栄養分が蓄えられている葉や茎は、栄養器官と呼ばれています。

●被子植物の花のつくりの模式図

めしべ
おしべ
子房

●裸子植物（マツ）の花のつくりの一例

雌花
雄花
果実

被子植物の花は、左図のような共通したしくみを持っています。被子植物の胚珠は、葉が変化した「子房（しぼう）」に被われています。裸子植物には、雌花（めばな）と雄花（おばな）があり、被子植物と違って、胚珠がむき出しになっています。

Q 共通したつくりを持つようになったのはなぜ？

A 最初に成功したつくりが広がったからです。

ほとんどの裸子植物は、受粉が風まかせの風媒花（ふうばいか）です。スギのように、風に乗りやすい大量の花粉を四方八方に数十キロ先までばらまく方法は、受粉の効率が悪く原始的でした。そこで約2億年以上前、昆虫に受粉の手伝いをさせる被子植物が生まれ、受粉効率が高まり、どんどん進化していきました。これが現在の被子植物の繁栄をもたらしたのです。なお、イネやブナのように、被子植物にも風媒花は多くあります。

クロマツの雌花（背が高いほう）と雄花。

ヒマワリの花とミツバチ。ミツバチの脚に花粉の団子がついています。

② 花が咲く植物が多いのはなぜ？

A 昆虫がいたからです。

昆虫と植物は、持ちつ持たれつの関係で、共に進化（共進化）してきました。一方のメリットが他方のメリットにもなるウィンウィンの関係です。裸子植物は、花が目立たず昆虫がやってくる保証もありません。しかし、被子植物の花は派手で目立つため、昆虫によって受粉する可能性は大きくなるのです。

COLUMN 花の形状から存在が予言された昆虫!?

キサントパンスズメガは、「ダーウィンのラン」と呼ばれるアングレカム・セスキペダレに、30cmもの長い口吻（こうふん）を差し込んで蜜を吸います。進化論で有名なダーウィンは、このランの形から、花粉を運ぶ長い口吻を持つ昆虫の存在を予言して、キサントパンスズメガは、その予言の40年後に予測通りに発見されたのです。

ダーウィンすごい！

35

Q
コケ植物やシダ植物は、なぜ花が咲かないの？

コケのじゅうたんが広がる幻想的な森〔長野県南佐久郡〕

A
花を咲かせるような
進化はしていないからです。

> Q コケ植物やシダ植物は、なぜ花が咲かないの？

海から最初に上陸したのが コケ植物とシダ植物でした。

コケ植物、シダ植物は、ともに花は咲かず、したがって種子もできません。
種子植物は花を咲かせて、子孫を増やしますが、
コケ植物とシダ植物は、何十万、何百万という胞子で子孫を増やします。
コケ植物やシダ植物の中から、花や種子を進化させて種子植物となりました。

■ コケ植物

コケ植物は、ほかの植物にある根、茎、葉があるのかないのかはっきりせず、雄株（おかぶ）と雌株（めかぶ）があって体の小さな植物です。約4億7000万年前に海から上陸した最初の植物と考えられています。

■ シダ植物

シダ植物は、コケ植物より複雑な構造を持っています。根、茎、葉の区別があり、水や養分の通る維管束（いかんそく）もあります。雄株と雌株はなく、種子植物につながる植物です。

コケ植物は、コケの雌株にある胞子嚢（ほうしのう）がはじけて、胞子で子孫が増えます。

シダ植物は、シダの葉の裏にある胞子嚢がはじけて、胞子で子孫が増えます。

■ コケ植物とシダ植物の共通点
- 胞子で増える
- 太陽の光を利用して栄養分をつくる（光合成）

ゼニゴケ。ゼニゴケのなかま（苔類）は世界で8000種、日本で600種あります。コケのなかまは、他にマゴケのなかま（蘚類）やツノゴケ類が知られています。

Q1 コケ植物はどのくらいあるの?

A 世界では約2万種、日本にはその約1割があります。

コケ植物は約4億7000万年前、シダ植物とともに海から上陸した植物です。湿気さえあればどこでも生育できます。当時の陸地にはコケ類を食べる動物がいなかったので、水辺の薄暗いじめじめしたところで旺盛な繁殖力を発揮したと考えられています。

Q2 花が咲くコケは本当にないの?

A 花に似た葉をつけるコケはあります。

スギゴケの雄株にできた花のような葉(苞葉)。

Q3 コケ植物とシダ植物、大きな違いはなに?

A 水分や養分の通り道(維管束)のあるなしと、光合成の仕方に違いがあります。

コケ植物は、体の表面で水を吸収し、表面全体で光合成をします。根のようなものは「仮根(かこん)」といって、体を支える役目しかありません。シダ植物には維管束があり、根で水を吸収し、葉で光合成をします。

COLUMN コケにしか見えない被子植物

南アメリカ大陸にあるアンデス山脈の標高約4000mのプーナ草原に、セリのなかまのヤレータという植物が生育しています。まるでコケかサボテンのように見えますが、何万という小さな植物が集まってできています。ヤレータは常緑で赤い花を咲かせる植物。高密度に集合しているので、上に人が乗ってもびくともしません。栄養が少ない環境でも、水はけのよい土地で強い太陽光のもとでゆっくり成長します。多くの個体はゆうに3000歳を超えるそうです。

コケそっくりのヤレータの個体は大変小さく、日陰では育ちません。

ホウセンカは実がはじけて、種子を飛ばします。

Q
植物の種は、どうやって広がるの?

A
飛ばすなど、
いろいろな方法があります。

Q 植物の種は、どうやって広がるの？

くっついたり、海流に乗ったり、種を遠くに運ぶ植物のスゴ技。

種子ができても、すぐ下に落ちたのでは、
親の草木が日光をさえぎり、種子の成長の邪魔になります。
そこで植物たちは、なるべく種子を遠くに運ぶために
さまざまなスゴ技を駆使します。

オナモミとその実（ひっつき虫）。フックや逆さとげで人の服や動物に引っかかったり、粘液によって張りついたりして、種子を遠くに運んでもらいます。

 ひっつく以外の方法教えて！

A 海流や風などで広がる植物があります。

浜辺に漂着し、芽を出したヤシの実。

回転草。英語で「転がる草」という意味の「タンブルウィード」と呼ばれる枯草のかたまり。枯れてちぎれた茎が砂漠に吹く風によってまるまり、転がって種子が運ばれます。乾燥地帯ではいろいろな種類の草がタンブルウィードとなります。

42

上左：種子のまわりに翼をつけたアルソミトラ（和名はハネフクベ）は、この翼を使って滑空します。右：ヘリコプターのように羽根を回転させて飛ぶフタバガキの種子。下左：モミジの種には2枚の赤い羽根がついていて、風によって竹トンボのようにくるくる回りながら種子が遠くに運ばれます。

Q2 もっとユニークな広がり方はないの？

A グライダーのように飛ぶ種子などがあります。

背高く伸びた植物は、何メートルもある高さに実をつけます。時期がくると実から続々と種子が落ちます。そのとき種子についている翼や羽根で、風に乗って滑空したり、羽根を回転させたりしながら、遠くまで運ばれるのです。

COLUMN 種をばらまく動物たち

鳥などの動物が植物の実を食べ、種を糞として排出し、そこから発芽することはおなじみです。なかには種を地面に埋めて忘れてしまう動物たちも。ハシバミの実などを食べるホシガラスや、ブラジルナッツなどを食べるアグーチ（ネズミのなかま）は、食べ残した実を後で食べるために地面に埋めておきます。しかし、そんなことはすぐ忘れてしまい、運のいい種子は、これで芽生えることができるのです。

アグーチ（上）とホシガラス（右）の食事風景。

Q
砂漠に咲く花はあるの？

アメリカ・ユタ州の国立公園内のひび割れた砂漠に咲く紫のスコーピオンウィードと、黄色いピンクッションの花。

Q 砂漠に咲く花はあるの？

絶好のタイミングを逃さずに花が一斉に咲く砂漠の奇跡。

砂漠の植物として有名なのはサボテンのなかまですが、
デイジーやポピー、グラジオラスなどの種子や球根が地中に埋まっています。
これらは少量の雨が1回降ったくらいでは発芽せず、
芽を出して開花できるタイミングがくるまで休眠しています。

 砂漠の地中で休眠している種子や球根はたくさんあるの？

 場所によってはたくさん埋まっています。

たとえば、南アフリカの乾季の砂漠では、あちこちの地中に球根が休眠しています。場所によっては、1m四方の地中に、1万個もの球根が眠っていることも。また、土をふるいにかけると、種子もたくさん見つかります。しかし表面が、発芽を抑制する化学物質でコーティングされている種子が多く、その物質を完全に洗い流すほどの雨が降らないと発芽しません。あわてて発芽しても、ふたたび乾燥がひどくなれば、種子が枯れてしまうからです。砂漠の植物たちは、ほんの数週間で、発芽から茎や葉を出し、花を咲かせて種子をつくり、球根を残して、ふたたび地中で眠りにつくのです。

カランドリニア。アタカマ砂漠（チリ）は、世界でもっとも乾燥し、降水量の少ないところです。冬季に少し雨が降り、春には海からの夜霧が乾いた大地を潤します。そして、数年に一度、花畑が出現し、花砂漠となります。

南アフリカの荒涼とした岩石砂漠地帯のナマクワランドは、8〜9月ごろだけ一面に花が咲き、「奇跡の花畑」と言われています。

Q2 美しい花が咲く砂漠を教えて。

A 南アフリカのナマクワランドは「奇跡の花畑」と呼ばれています。

COLUMN クチクラで水を貯蔵するサボテンと多肉植物

サボテンは多肉植物と言われる植物のなかまですが、まるで石ころにしか見えない多肉植物や、葉が透き通って窓のように太陽光を中に取り込む多肉植物もあります。多肉植物は葉や茎または根の内部の柔らかい組織に水を貯蔵している植物の総称です。表面がクチクラ（キューティクル）という丈夫な膜で覆われ、水の蒸発を防いでいます。夜間に二酸化炭素を取り込み、昼間の太陽光で光合成をします。

左は、リトープス（別名「生きている石」）とリトープスの花（アフリカ南部原産）。上は葉が透き通って太陽光のエネルギーを効率よく吸収するハオルチアです。

一度は行ってみたい世界の絶景花畑 2

花と愛の伝説で絶景を楽しむ

花 チューリップは、かつてのオスマン帝国で盛んに栽培され、16世紀ごろ、当時のオーストリア大使がヨーロッパに球根を持ち込み、花の名をチュルバン（ペルシア語で頭巾という意味）と伝えました。チューリップの花は全開せず、それが頭巾のターバンに似ていることからそう呼ばれていたそうです。やがて学名に使われ、その後、一般にチューリップと呼ばれるようになりました。

オランダにある世界最大の花の公園「キューケンホフ公園」のチューリップ畑。「ヨーロッパの公園」という別名もあります

伝説 イギリスの民話に、妖精がチューリップを赤ちゃんの「ゆりかご」として使う話があります。ある婦人がチューリップの中で眠る妖精の赤ちゃんを見つけ、妖精のために庭でたくさんチューリップを育てます。「ゆりかごがたくさんできた！」と妖精たちは喜び、婦人を祝福。彼女は幸福な生涯を送ったということです。

Q
アジサイの色は、
なぜ変わるの？

よく見かける手まり状に咲き誇るアジサイ。これは花びらではなく、
花の下にある「がく」が変化した「装飾花」と呼ばれるものの集まりで
す。手まり咲きのアジサイは、品種改良の途中で本当の花を持たなく
なりました。そのため種子ができず、さし木などで増やします。

A
土の酸性度が
関係しています。

Q アジサイの色は、なぜ変わるの？

アジサイの色の決め手は
土の中のアルミニウムでした。

土が酸性の場合、土の中のアルミニウムが溶けて、アジサイは青くなります。
土が中性やアルカリ性の場合、アルミニウムが溶けないので、アジサイは赤くなります。
品種や生育環境などによっても色は変わってきます。

Q アジサイの色素はなに？

A アントシアニンです。 色が七変化すると言われているアジサイですが、アントシアニンという、たった1つの色素しか持っていません。ちなみに白いアジサイは、遺伝的に色素を持っていません。

② 丸いアジサイが多いのはなぜ？

A 日本のガクアジサイを品種改良した結果です。

日本原産のガクアジサイが欧米で品種改良されたものが手まりアジサイです。ガクアジサイは、ガクが花びらのように変化して装飾花を形成しています。装飾花の中心に、あまり目立ちませんが、おしべとめしべのある本当の花が咲きます。虫たちは、まず装飾花に招き寄せられ、花粉や蜜のある花にたどり着くのです。

ガクアジサイの装飾花と花。種子をつくらない装飾花は、虫たちを呼び寄せる効果があります。

COLUMN　ゲーテが提唱した「花は葉が変形したもの」という説

ドイツが生んだ世界的文豪ゲーテ（1749～1832）は、文学だけでなく、科学にも造詣が深かったことで有名です。とくにその植物論はユニークで、「花は葉が変形したもの」と考えました。これは現代の遺伝学的研究により正しいとされている説です。そう考えると、葉のようなガクが変化して、アジサイの装飾花をつくるのも納得します。また、花びらの葉緑素が活性化され、緑色の花びらをつける「御衣黄（ギョイコウ）」という桜は、花びらが葉に先祖返りした花です。カーネーションのラ・フランスの花も緑色です。

上：ヨハン・ヴォルフガング・フォン・ゲーテ。
右：ギョイコウ。中心部から赤みが増して、散るころにはかなり赤くなります。

 ヒマワリの花は、
本当に太陽を追いかけるの?

秋田県由利本荘市西目町のひまわり。

A
花が咲く前には追いかけますが、
咲いた後は追いかけません。

Q ヒマワリの花は、本当に太陽を追いかけるの？

ヒマワリはつぼみのとき、東から西へと太陽を追います。

ヒマワリのつぼみが太陽を追いかけるように回転するのは、
茎でつくられる植物の成長ホルモン「オーキシン」のためだと考えられています。
オーキシンは光の当たらないところに多く集まる傾向があり、
そのため光の当たる方向に茎が向き、茎の先にあるつぼみが太陽を追うように見えるのです。
ちなみに、咲いた後は茎の成長が止まるので、太陽を追いません。

先端で作られたオーキシンが陽の当たらない部分に移動する

オーキシンは茎の先端部で合成され、光の当たらない側に移動します。オーキシンの多い側（光の当たらない側）では、細胞がより伸張するため、結果的に植物が曲がり、茎の先にあるつぼみが太陽を追いかけているように見えるのです。

Q ヒマワリの花びらをよく見ると、筋のようなものが見えるけど…。

A 小さな花びらがくっついている継ぎ目です。

ヒマワリの外側の花びらの1つひとつは、小さな花の花びらが数枚くっついて1枚に見えます。これを「合弁花」といい、ヒマワリやタンポポなど、キク科の花の特徴です。ヒマワリは、このような小さな花がたくさん集まって、1つの大きな花をつくっているのです。

ヒマワリの大きな花は、1000個以上の小さな花（小花）の集まりでできています。種子は外側の花びらに近いほうの小花からできていきます。

外側の平たい花びら

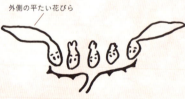

管状花（筒状花）
おしべ、めしべのある花。

舌状花
花びらが5枚集まってくっつき、舌のように平らになった花。

ヒマワリは、小花が枝を介さずにたくさん集まって1つの大きな花をつくります。これを頭状花序（とうじょうかじょ）といい、キク科（ヒマワリ、タンポポ、アザミなど）の花に特徴的な咲き方です。

Q2 小さな花びらの集まりでできているのはなぜ？

A 派手な姿で昆虫をおびき寄せるためです。

Q3 おしべやめしべはどこにあるの？

A まん中の円盤状の部分です。

ヒマワリの円盤状の部分には、管状花という小さな花がたくさんあり、そこにおしべとめしべがあります。いわばヒマワリの「本丸」です。管状花には目立つ花びらはありませんが、まわりの舌状花が昆虫を招き寄せる役目をしています。舌状花と管状花の絶妙な連携でヒマワリは子孫を増やすのです。

COLUMN 白いヒマワリはある？

自然ではもちろん、品種改良でも白いヒマワリはできません。ヒマワリは、葉でつくられる色素のカロテノイドが、花びらでもできてしまうからです。またキクにはあるカロテノイドを分解する酵素の遺伝子がありません。そのため、キクには白い花があり、ヒマワリには白い花はないのです。

白いヒマワリとして有名なセーラームーンですが、よく見ると真っ白ではなく、淡いクリーム色をしています。

ネムノキの花と葉。

Q
植物にも、
休む時間は
あるの？

A
いくつかの
植物は、
夜眠ります。

ネムノキの花と、夕方に葉をぴったり閉じたネムノキの葉（上）。まるで眠りについたかのように見えます。これを就眠運動といいます。

59

Q 植物にも、休む時間はあるの？

葉を閉じたり開いたり、その理由はさまざまです。

夕方に葉を閉じるネムノキには、光が当たらないと葉を閉じる性質があります。
閉じた葉が朝になると開くのは、光が射して明るくなるからです。
このような葉の開閉運動は、夕方に閉じ、朝開くので、就眠運動と呼ばれています。
ちなみに、街灯の近くにあるネムノキは、いつまでも明るいので、葉を閉じません。

Q 就眠運動で葉が開閉するしくみを教えて。

A 就眠物質が増え、葉の細胞内の圧力が下がるからです。

ネムノキの葉の細胞は、昼間は水を吸って開いていますが、夕方になると「就眠物質」という特殊な物質が増え、葉の細胞内の水が出て圧力が下がってしおれ、葉が閉じます。逆に、朝になると「覚醒物質」と呼ばれる物質が増え、細胞内の圧力が高まり、葉が開きます。

朝に水分が葉の細胞に戻って葉を開いたところ。

② ネムノキのほかに眠る植物はある?

A クローバーなど、いろいろあります。

夜に葉を閉じる植物は多くあります。たとえば、シロツメクサ（クローバー）、カタバミ、ニセアカシア、クズ、オナモミなどの葉は、夜になると閉じてしまいます。

左はニセアカシアの花。右はクズの花。どちらもマメ科植物で、葉を閉じたり開いたりします。

③ オジギソウが、さわっただけで葉を閉じるのはなぜ?

A 食べられないようにするためです。

オジギソウは、ちょっとした刺激で葉を閉じ、近くの葉もそれにつられて閉じます。

COLUMN　昆虫を食べるために、葉を閉じる植物

植物と昆虫の関係は、双方幸せな関係が多いのですが、中には植物の一方的な得となる関係もあります。「食虫植物」のハエトリグサは、ハエがトゲのような突起の下にある蜜腺を求めてやってきて、開いた2枚の葉に入ると、その刺激で葉をすばやく閉じて捕虫します。ハエをエネルギー源にするというよりは、生育地に不足している肥料を補うための捕虫です。

食虫植物ハエトリグサ。ハエトリソウ、ハエジゴクとも。原産地は北アメリカ。

61

Q
アサガオが
朝早くから咲くのはなぜ？

A
前日の日没から
約9時間たつと
咲くしくみだからです。

アサガオは秋に向かって開花時間がさらに早くなります。

Q アサガオが朝早くから咲くのはなぜ？

実際は、咲くまでに日没から8〜10時間と幅があり、気温の変化によっても開花時間が変わってきます。夜明けに咲くのは、7月中旬ごろ。暗くなる時間が早まる秋が近づくにつれ開花時間は早まり、10月頃には夜中の1時半ころに咲き始めます。

白い模様のあるアサガオがあるのはなぜ？

A 遺伝子の働きで、色素をつくることが邪魔されたからです。

遺伝子の働きで色素をつくることが邪魔されると、そのままでは白い花になってしまいます。花びらの成長の途中で遺伝子の働きによる邪魔がなくなると、ふたたび色素がつくられるようになります。こうして、遺伝子が邪魔した部分は白く、邪魔が消えた部分は色づくことになります。

白い斑入りのアサガオ。

アサガオ。英名はモーニング・グローリー。花言葉は「はかない恋」、「固いきずな」などです。

いろとりどりのアサガオ。しかし黄色のアサガオはありません。

Q2 黄色いアサガオって見たことがないけど…

A 黄色いアサガオは存在しません。

花を黄色くするのは、カロテノイドという色素ですが、アサガオにはこのカロテノイドがありません。したがって、黄色いアサガオは存在しないのです。

COLUMN 「変化朝顔」とは

江戸時代には、アサガオの栽培ブームが2度あり、品種改良をいろいろ試しているうちに、変わった形の花がいろいろ生まれました。当時の人はこれを「変化朝顔」と呼んで、新品種の開発を競い合いました。第二次世界大戦のときに、変化朝顔の多くの系統が失われ、現代では、残った系統から、変化朝顔の保存や普及が行われています。変化朝顔は、人の手によってできた突然変異体です。

二代目歌川広重作「東都名所三十六花選 入谷朝顔」。描かれているアサガオは、一見ふつうに見えますが、変化朝顔です。上から藍絞り、赤の牡丹咲き、紫の台咲き。台咲きは、めしべが花びらのようになり、花の中に花が咲いたように咲きます。描かれたのは幕末、台東区入谷の有名な朝顔市です。

Q
タンポポには
花びらが何枚あるの？

A
じつは「小さな花」の集まりで、花びらは5枚です。

タンポポはキクやヒマワリと同じように、
「舌状花」と呼ばれる多くの独立した花（小花）が
たくさん集まってできています。

セイヨウタンポポの花。くるっと巻いて立っているのは、めしべです。

Q タンポポには花びらが何枚あるの？

タンポポの花は、
小さな花の集まりでした。

花は、花びら（花弁）が5枚で、おしべ5本、めしべ1本がふつうです。
ほかに花びら3枚のアヤメ、4枚のアブラナ、6枚のサフランなどがあります。
タンポポは「舌状花」と呼ばれる小花が100～200も集まった花で、
小花の花びらは1枚にしか見えませんが、よく見ると、4本のすじが入っています。
小花の花びらが5枚くっついて1枚のように見える合弁花なのです。

① タンポポの種は、どうやって広がるの？

A 風でまかれます。

タンポポの綿毛の下に長さ3mmほどの種子があります。風が吹くと空高く舞い上がり、種子は綿毛と一緒に何キロも離れたところまで運ばれます。

タンポポの種子をつけているパラシュート状の綿毛と、綿毛が風で飛ぶ様子。

② 春以外に見かけるのも同じタンポポ？

A セイヨウタンポポです。

日本にもとからあった在来種のタンポポは春しか咲きませんが、外来種であるセイヨウタンポポは、年中見かけます。セイヨウタンポポのおしべは花粉をつくりませんが、めしべは受粉しないで種子をつくる処女生殖をします。そのため、セイヨウタンポポは、いつでもどこでも、花を咲かせることができるのです。

Q3 日本のタンポポとセイヨウタンポポの見分け方は？

A 花の下の緑の違いで見分けられます。

タンポポのつぼみを包んでいた緑の部分は、開花すると花を支える役目をします。これを総苞片（そうほうへん）といいます。総苞片がそりかえっているのが、セイヨウタンポポで、そりかえらず総苞片の先に突起があるのが、日本のタンポポです。

総苞片がそりかえっているセイヨウタンポポ。

総苞片がそりかえらない在来種の関東タンポポ。

Q4 冬のタンポポは葉っぱが地面に放射状に広がっているのはなぜ？

A 2つ理由があります。

1つは光のエネルギーをより多く受けるためです。これによって寒さをしのぎ、地下に栄養分を蓄えることができます。もう1つは、葉が動物に食べられても、芽は地面近くの葉の中心にあるので食べにくく、生きのこることができるのです。

COLUMN 温室をつくって花を守り、昆虫を呼ぶ植物

ヒマラヤの標高5000mの高山に咲く、高さ1〜2mのレウム・ノビレ（セイタカダイオウ）は、半透明の葉（苞葉）が塔をつくります。中に咲くたくさんの小さな白い花を覆い、温室をつくって低温から花粉を守っているのです。このような植物を「温室植物」といいます。温室内は、外部の気温よりも10〜15℃も高くなり、小さな昆虫が数多くやってきて温室の中での受粉を助けます。

Q バラのトゲは
なんのためにあるの？

ピンクローズの花とトゲ。

A
正確な理由は、
まだ分かっていません。

Q バラのトゲはなんのためにあるの？

フラワーショップのバラは香りの弱いバラでした。

バラのトゲの役割はまだ謎です。
ほかの植物に枝をからめて枝を伸ばすときにずり落ちないようにするためとか、敵から身を守るためなどの説がありますが、本当の役割は分かっていません。
植物のトゲには、葉（サボテン）や小枝（ユズ）や茎が変形したものがありますが、バラのトゲの場合は樹皮からできたものです。

Q トゲのないバラってある？

A モッコウバラなどがあります。

トゲのないバラで有名なのは、モッコウバラです。ほかにも南部ざくら、群舞（ぐんまい）、群星（ぐんせい）などはトゲがありません。

モッコウバラ。黄色いモッコウバラは香りはしませんが、白のモッコウバラは、いい香りがします。

バラの色や形は豊富ですが、フラワーショップでは、強い香りのしないものが売られています。

Q2 バラの種類はどのくらいあるの？

A 全世界で約3万種です。

花の女王という異名を持つバラは、昔から品種改良され、現在も新品種のバラが開発されています。そのため、バラは色彩豊富で、形もさまざまです。いい香りもしますが、においが強いと、栄養分が香りづくりに使われ、つぼみが完全に開かなくなることがあります。そのため、生花店の切り花は、香りの弱い品種のものが売られています。

Q3 もとからそんなにあったの？

A 原種は10種もなかったそうです。

Q4 バラの花びらは本当は何枚？

A 5枚です。

本来はサクラ（バラのなかまです）と同じように、花びらは一重咲きの5枚です。ほかの花びらは、おしべの一部が変化したものです。バラの香りは花びらから発散します。そのため、花びらの多いバラなら、より多くの香り成分が取れると考えられ、八重咲きのバラが開発されてきたのです。

ゴールデン・メダリオンという品種の八重咲きのバラ。

一度は行ってみたい世界の絶景花畑 3

花と愛の伝説で絶景を楽しむ

アメリカのカリフォルニア・カールスバッド、
ラナンキュラスの花畑。

花　ラナンキュラスの和名はハナキンポウゲ（花金鳳花）。秋から春にかけて生育し、夏は休眠します。カエルが多くいる湿地に咲くことから、ラテン語で小さなカエルやオタマジャクシを意味する「ラーナンキュラス」から学名が付けられました。実際は草地や山地などでも咲く、生育環境の広い花です。

伝説　あるとき、ラナンキュラスと美青年ピグマリオンは山道で迷い、近くの村に住む娘コリンヌと出会い、一夜の宿を求めます。2人は同時に、美しいコリンヌに恋心を抱きましたが、コリンヌはピグマリオンに恋します。2人は結婚し、恋破れたラナンキュラスは、けなげにも2人の結婚を祝福します。花ことばには「優しい心遣い」。

Q
よく似た花の
見分け方を教えて!

A
花びらの模様や
花の咲き方などで
見分けます。

アヤメ(左)とハナショウブ(右)。アヤメは紫色の花が多く、白はまれです。5月上旬から中旬にかけて咲き、乾いたところで育ちます。ハナショウブは色彩豊かで、6月上旬から下旬に咲き、湿ったところで育ちます。

> Q よく似た花の見分け方を教えて！

アヤメとハナショウブに加えて
カキツバタも区別が難しい花です。

どれもアヤメのなかまです。カキツバタは、青紫、紫、白、紋と色彩が多く、5月中旬から下旬に水中や湿地で咲きます。見分け方のポイントは花びら。
前に垂れ下がっている花びらの元に網目模様があるのがアヤメ、
花びらの元に網目模様がなく黄色い斑紋があるのがハナショウブ、
花びらの元に網目模様がなく、白い斑紋があるのがカキツバタです。

アヤメ

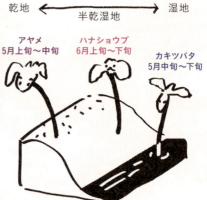

乾地 ← 半乾湿地 → 湿地

アヤメ 5月上旬〜中旬
ハナショウブ 6月上旬〜下旬
カキツバタ 5月中旬〜下旬

アヤメの花びらの特徴である網目模様がはっきり見えます。黄色い斑紋のあるのがハナショウブ、花びらの白い斑紋が特徴のカキツバタ。

ハナショウブ

カキツバタ

スイレン

ハス

スイレンは葉の切れ込みが見えます。ハスは葉に切れ込みがなく、花が水面の上のほうで咲きます。

Q1 スイレンとハスも、同じように見えるけど、どう違うの？

A 葉の様子や花の咲き方が違います。

睡蓮（スイレン）と蓮（ハス）も似ていますが、スイレンの葉には切れ込みがあり、ハスにはありません。スイレンの葉は水をはじきませんが、ハスの葉は撥水性があって水をはじきます。花を見ると、水面で咲くのがスイレン、水面の上のほうで咲くのがハスです。ハスは、めしべが集まってハチの巣状になった部分が目立つのも特徴です。

Q2 ツバキとサザンカは、どう見分けるの？

A 花が丸ごと落ちるのがツバキ、1枚1枚落ちるのがサザンカです。

ツバキは花びらとおしべがつながっているので、花びらはばらばらにならず丸ごと落ちます。ツバキの葉はつやがありますが、サザンカの葉はつやがありません。ツバキは香りがしませんが、サザンカは強い香りがします。

ツバキ

サザンカ

花の開き方の違いや、花びらの落ち方、香りのあるなしで違いが分かります。

Q
葉が緑色なのはなぜ？

茶畑と富士山

A
緑以外の色を
吸収するからです。

Q 葉が緑色なのはなぜ？

葉は蓄えた栄養素を木に渡し、色を変えて役目を終えます。

太陽の光は、赤、青、緑の3つの色が混ざってできています。
赤と青は植物にとって重要で、吸収してエネルギーとして葉に蓄えられます。
緑は、じつはあまり重要ではなく、葉をすり抜けたり、反射したり、散乱したりします。
その結果、葉は緑色に見えるというわけです。

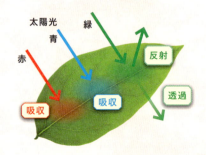

緑色の葉が、やがて赤くなったり、黄色くなったりするのはなぜ？

A 「紅葉」のしくみと、「黄葉」のしくみがあります。

葉には、暖かいうちは葉緑素（クロロフィル）が多くありますが、秋になって寒くなると、クロロフィルがなくなり、黄葉や紅葉が起こります。クロロフィルが分解されて、それまで隠れていた黄色の色素のカロテノイドが表面に表れて起きるのが黄葉、分解されたクロロフィルが葉に残っていた糖分と反応すると、赤い色素であるアントシアニンができて紅葉が起きます。

- 🟡 **黄葉する木**……イチョウ・カツラ・ユリノキ・イタヤカエデ・ポプラなど
- 🔴 **紅葉する木**……カキ・ツタ・ヌルデ・カエデ・ニシキギ・ドウダンツツジなど

黄葉したポプラの落ち葉。

イロハモミジの紅葉。

カエデの黄葉

Q2 そもそも、なぜ葉の色は変わるの？

A 葉から栄養分を回収するときに「こうよう」します。

黄葉（紅葉）は、暖かいときに葉が蓄えてきた栄養源（おもに窒素）を木に渡している証拠です。黄葉（紅葉）が鮮やかなときは、栄養源の受け渡しがとてもうまく進んでいる証拠なのです。紅葉の色素アントシアニンや、黄葉の色素カロテノイドは葉に残ります。そのため葉は、赤や黄のままで落葉するのです。

Q3 モミジとカエデ、どう違うの？

A 同じ植物ですが、色の違いからこう呼ばれています。

カエデもモミジも同じなかま（カエデ科）の木です。カエデは葉がカエルの手のように見えることからこう呼ばれ、モミジは、カエデの中で、染料を「揉みだした」ように目立って色を変えることからきています。

COLUMN　葉が花びらのように変身する植物

クリスマスシーズンの花、ポインセチア。まんなかの小さな黄色い部分が花で、花を囲んでいる赤い部分は花ではなく、葉が花のように変身したもので、「苞（ほう）」と呼ばれています。地味な花だけでは昆虫が来ないので、派手な苞葉でアピールしているのです。花のように見える苞のある花として有名なのは、オシロイバナのなかまのブーゲンビリアです。3枚から6枚の苞で、まんなかの小さく白い本当の花を囲んでいます。

赤い苞葉のポインセチア。

83

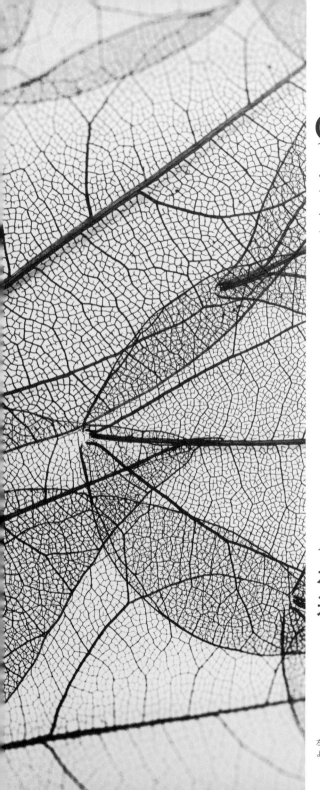

Q
葉の中にある筋はなに?

A
水分や養分の通り道です。

左の写真は、葉の筋(葉脈)が透けて見えるように、処理をした葉です。

Q 葉の中にある筋はなに？

植物の葉の複雑なしくみは養分や酸素をつくり出すため。

葉には、できるだけ多くの光を取り込むための、さまざまなしかけがあります。
植物の葉は、昼間に空気中の二酸化炭素と太陽光のエネルギーを吸収します。
そして、根から吸収していた水分も使って、
さまざまな有機栄養物や酸素をつくり出します。これが「光合成」です。

Q 葉はほかにどんなしくみを持っているの？

A 呼吸したり、酸素や養分をつくったりするしくみがあります。

葉には、より多くの光を取り込み、さまざまな処理をするための「装置」があります。薄い葉ですが、びっくりするほどしくみは複雑です。光だけでなく、水や二酸化炭素も取り込んで、光のエネルギーを利用して栄養分としたり、酸素を葉の裏の気孔から吐き出したりしています。

●葉の断面写真

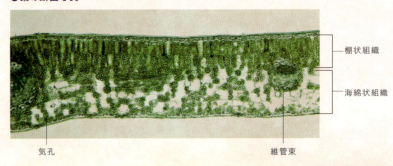

棚状組織
海綿状組織
気孔
維管束

薄い葉の中は、複雑な構造になっています。

モンステラの葉。名はラテン語のモンスターを意味する言葉に由来しています。

② 植物の葉が平べったいのはなぜ？

A 太陽の光をたくさん浴びるためです。

モンステラ（和名はホウライショウ）は成長につれて葉に穴ができて、それらがつながると葉が裂けたようになります。強風をやり過ごすためとか、夏の強い日の光による温度の上昇を避けて放熱するためとも言われています。葉は平らなだけではなく、薄いことも重要です。気孔から二酸化炭素や酸素、水蒸気などが自由に出入りできるようにするためです。

③ なぜ葉は複雑なしくみなの？

A 養分や酸素をつくる工場だからです。

光のエネルギーと水に加えて、空気中の二酸化炭素を吸収して、酸素、ブドウ糖、デンプンなどをつくります。これが「光合成」です。植物は光合成によって栄養を蓄え、生育します。しかし、窒素が不足すると、光合成がうまくいきません。そのため、落葉する植物は、葉に蓄えられていた窒素をせっせと葉から回収します。

COLUMN 葉は昼間しか働かないの？

サボテンなどの多肉植物は、夜に二酸化炭素を取り込んでリンゴ酸を合成し、細胞内の液胞に蓄えておきます。明るくなったらリンゴ酸を取り出し、二酸化炭素にもどします。こうして昼間、水分をあまり失うことなく、光合成をするのです。

サワロサボテンと日の出

Q
なぜ木の枝は
枝分かれするの？

インド洋のソコトラ群島に自生するドラゴンブラッドツリー（リュウケツジュ　竜血樹）。樹液が赤いためこう呼ばれ、古代には竜の血と信じられ、医薬品あるいは染料として珍重されました。

A
より多くの太陽光を
浴びるためです。

Q なぜ木の枝は枝分かれするの？

ふつうの木が枝分かれするのは多くのエネルギーを得るため。

植物は成長するために、たくさんの光を必要とします。
そのため、なるべく葉と葉が重ならないように、
効率よく光のエネルギーを取り込むべく枝分かれをするのです。

① 枝分れしない木ってあるの？

A ヤシの木は、枝分かれしません。

ヤシは草のなかまですが、木のように成長します。葉の特殊な形を利用して、立体的に光を受けることができます。ソテツもヤシと同じような成長をします。

ヤシの幹は年輪をつくらないで太くなり、背も高く伸びるユニークな植物です。

② ほかにも枝分かれしない木はあるの？

A 針葉樹は、あまり枝分かれしません。

スギは枝分かれしますが、横に大きく広がるような枝分かれはしません。枝分かれするには多くのエネルギーや養分が必要なので、スギは枝をあまり広げず、エネルギーや養分を節約しています。

ハワイのオアフ島にあるモンキーポッドと呼ばれるアメリカネムノキ。

Q3 たくさん枝分かれする木を教えて。

A アメリカネムノキが有名です。

「この木なんの木」というCMソングで有名なアメリカネムノキは、高さ25m、枝のハリは40mくらいにもなります。午後には葉を閉じて就眠し、日の出とともに葉を開きます。雨が降る前にも葉を閉じることから「レインツリー」と呼ばれています。

COLUMN 枝がしだれる木にもさまざまなタイプがある

シダレザクラ。

たとえば、フジはつる植物ですから、藤棚やほかの木の幹などに絡まって咲き、絡むものがないところでは、垂れ下がります。シダレザクラやシダレアサガオは、フジとは違って遺伝的な変異種で、人が大切に育てないと生きていけません。ヤナギも枝がしだれますが変異体ではありません。

Q
秋になると、
なぜ木の葉が
落ちるの？

A
冬に木が死ぬのを
避けるためです。

葉をすっかり落とした白樺の木々。後ろはマツの木。落葉しても、樹木は元気に冬支度をしています。

Q 秋になると、なぜ木の葉が落ちるの？

落葉樹は、生き残りをかけ、冬を乗り越えるため落葉します。

日差しの弱くなる秋から冬にかけて、葉は光合成が十分に行えなくなります。葉には光合成以外にも、葉の気孔から水分を蒸散させる働きがあり、水分を十分に吸収できない冬や乾季には、葉からの蒸散を避けるため落葉し、水分不足で枯れないようにしているのです。

Q 落葉は、秋に起こるって決まっているの？

A 条件によってはいつでも起きます。

塩分や虫の害によって、木が危険になると、木は落葉して自分を守ります。葉をつけていると、水分がどんどん蒸散し、木全体が死にかねないからです。熱帯地域では、温帯地域のような季節はありませんが、乾季は、木にとって生存にかかわる危険な時期です。熱帯地域の木は、乾季の中盤で葉を落とします。

熱帯林に囲まれた、カンボジアのアンコール・ワット。乾季には葉を落とします。

落ち葉は、地中の微生物や虫たちに分解されて、木の栄養分にもなります。森林や林に肥料を与えなくても生き続けるのは、落ち葉のおかげです。

Q2 春にまた葉をつくるのなら、秋に落葉するのは無駄では？

A 無駄ではありません。

多くの落葉樹は、葉を落とす前に、葉から将来使えるたんぱく質や窒素を受け取り、細胞内に蓄えておきます。これが芽や葉を出すときの栄養分となるのです。また、地面に落ちて堆積した落ち葉の窒素やリンが、地中に戻って木の貴重な無機栄養物になります。無駄に葉を落としているわけではありません。

COLUMN 落葉しない木はどう冬を乗り切るの？

冬に落葉する「落葉樹」のほかにも、1年中、緑の葉をつけている「常緑樹」があります。キンモクセイやヒイラギ、クチナシ、ツバキなどがそうです。また、冬野菜のダイコンなども葉は落ちません。これらの植物の葉は落葉樹の葉と違い、冬の低温に耐えるための準備をしています。葉の中の糖分を増やしたり、ビタミンをつくったりして、葉の中の水分に溶け、その結果、氷点下になっても凍らず緑色のままでいられるのです。

ツバキの花と雪。葉は凍らず、緑色のままです。

Q
竹は木なの？

A
草です。

Q 竹は木なの？

草のように見える木もあれば、
木のように見える草もある。

竹は草の茎が木のように木質化した植物です。
ふつうの草は、竹より寿命が短く、何十年も生きません。
そのため、竹は草というより、まるで「木」のようでもあります。
草と木、両方の性質を持つ不思議な植物なのです。

① 草と木はどう違うの？

A 茎が違います。　草は草本（そうほん）、木は木本（もくほん）ともいいます。
草本の茎には、木本の茎にできる形成層ができません。

竹（草本）の茎の断面には、形成層はありません。右は年輪ができているスギ（木本）の切り株。茶色の樹皮をはがすと、形成層があります。形成層は、幹のほか、枝や根の皮の内側にあり、太くなって成長するため、盛んに細胞分裂をします。

② 逆に草のような木ってあるの？

A 高山植物などに、あります。

たとえば、高山植物のツガザクラやイワウメには形成層があり、茎も木質化しますが、背が低く、太くなるのも遅いため草にしか見えません。

ツガザクラ、小さいので草に見えますが、木のなかまです。

ガラパゴス諸島のサンタクルス島には、草本であるキクのなかま、スカレシアの原生林があります。まさに巨大タンポポの林です。

Q3 木にしか見えない草ってあるの？

A 巨大なタンポポがあります。

ガラパゴス諸島のサンタクルス島では、太古に樹木の種子があまり届かなかったため、キクやタンポポのなかまの草本、スカレシアの種が、樹木の代わりに巨大に成長する植物となりました。スカレシアは3年ほどで5mにもなります。スカレシアはタンポポのように何年も生きる多年生（多年草）の草本です。

COLUMN カラフルで世界一おしゃれな木

姿だけでなく、名前もおしゃれな木があります。レインボーユーカリです。太平洋の南の島々で生育するレインボーユーカリは、北半球で唯一のユーカリのなかまです。幹がいろいろな色の皮で覆われ、まるで虹が変身して木になったように見えます。

レインボーユーカリの林。

一度は行ってみたい世界の絶景花畑 4

花と愛の伝説で絶景を楽しむ

花 菜の花の原産地は西アジアや北ヨーロッパですが、農耕とともに東アジアに伝わり、日本では弥生時代以降に野菜として栽培されてきました。「菜」は野菜という意味で、「野菜の花」としても古くから親しまれてきました。

伝説 『古事記』には、菜の花をめぐるラブロマンスがあります。美しい侍女、黒日売(くろひめ)は仁徳天皇に深く愛されていましたが、嫉妬深い皇后によって、故郷に帰されてしまいます。天皇は皇后に「淡路島が見たい」とウソをつき、黒日売を追って故郷で菜の花をつんでいた彼女と再会します。天皇はその喜びを歌で表現します。黒日売も天皇が帰るとき、「人目をしのんで帰って行くのはわたしの夫」という歌で、名残を惜しみました。美しくも悲しい2人の恋は、こうして歴史書に残って不滅となったのです。

中国雲南省の羅平にある世界最大を誇る菜の花畑。
現地は観光スポットとしても世界的に人気があります。

Q キノコって、植物なの？

タマゴタケ。毒はなく食されています。しかし、タマゴタケモドキ、ベニテングダケなど、外見の似た有毒種に注意が必要です。

A
違います。
菌類のなかまです。

Q キノコって、植物なの？

光合成もしなければ、種子もつくりません。

キノコは店の野菜コーナーに置いてありますが、菌類のなかまです。
子実体（しじつたい）と呼ばれる菌糸の大きな塊をキノコといいます。
カビも菌類ですが、子実体をつくりません。

① 食べられるキノコはどのくらいあるの？

A 日本では約700種類あると言われています。

ヤマイグチ。十分に火を通せば、汁物や揚げ物として食べられます。

② 毒キノコはどのくらい？

A 日本のキノコのうち、約100種です。

ベニテングダケは俗称で、正式にはベニテングタケといいます。強い毒性のある毒キノコです。シラカバなどの木のある地上で発生し、夏から秋にかけて、北日本や標高の高い地域でみられます。食用できるタマゴダケと似ているので、注意が必要です。

ベニテングタケ（毒キノコ）。

キノコは植物と違い、胞子で増えるので、写真のシイタケのように胞子を飛散させて増えます。

Q3 日本にはどのくらいの種類のキノコがあるの?

A 数千種類と言われています。

日本で見つかる数千種類のキノコのうち、分類・命名されているのは、2000種類にもなりません。

COLUMN 菌類と植物はどう違う?

菌類は、植物と違って、自分で栄養分をつくらず、体外の栄養分を細胞の表面で吸収します。植物の特徴である光合成も行いません。シイタケのように植物などに寄生するものが多く、農業や食品づくりに役立つものもあります。キノコは、植物のようにスッと立てるにもかかわらず、栄養分は植物や動物に頼って生きているので、植物と動物の中間にいるような生物です。ちなみに子実体は、キノコの本体ではなく、胞子をばらまくための器官です。

シイタケの栽培の様子(大分県)。

105

Q
海草と海藻は
同じものなの？

A
違います。
海草は植物ですが、
海藻は植物ではありません。

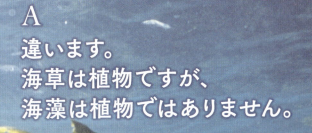

海藻のホンダワラは、古くから食用や肥料として用いられてきました。なかまにヒジキやアカモクがあり、やはり食べられます。

Q 海草と海藻は同じものなの？

海草も海藻も光合成をしますが、海藻は植物ではなく藻類です。

ワカメやコンブは海藻で、植物ではなく藻類です。
緑色で光合成をするので、植物に似ています。
海で育ちながらも、陸上植物のように根・茎・葉を持ち、
花を咲かせる種子植物もあり、これらには「海草」の字が当てられています。

Q 海草と海藻にはほかにも違いがあるの？

A 生育場所や根の付き方などが違います。

海草は波のあたらない、内湾や干潟で育ち、海藻は波の強い岩場のある海岸で多く生育します。
海藻の根は、海草の根とちがって、栄養を吸収するためではなく、岩に固着するために使われます。

岩場に根をおろしているコンブ。

Q2 海草にはどんなものがあるの?

A アマモなどがあります。

海草のなかまは、種子植物で、花を咲かせて種子で増えます。進化の過程で、いったん上陸しましたが、再び海に戻り、陸上で発達させた根や地下茎を利用して、海藻のなかまのいない砂地で生育するようになりました。

アマモとその花。

Q3 光合成をする海藻は、太陽の光が届く浅いところで育つの?

A 深い海に生育する海藻もあります。

あまり深いところは光が届かず、光合成は難しくなります。しかし、ジャイアントケルプ(和名オオウキモ)という巨大な海藻(コンブのなかま)は、水深20m以上の深い海で生育します。葉状体(細長い葉のように見えるコンブの部位)のつけ根に浮き(気泡)があり、高さ50mに達することもあります。

ジャイアントケルプは、おもにアラスカ湾からカリフォルニア湾にかけて自生し、海底の森林をつくります。

Q 植物は、どうやって自分の体を守っているの？

A
毒やトゲなどを
駆使して守ります。

キンポウゲの花です。誤って食べるとアルカロイドに
より手足や指の麻痺、下痢、嘔吐などを引き起こします。

Q 植物は、どうやって自分の体を守っているの？

「美しい花には毒がある」が、植物の世界ではふつうです。

植物は、自ら移動できないので、毒やトゲで身を守っています。
たとえば、カルミア・ラティフォリアは、見た目は美しいのですが、
花やその蜜には、人を死に至らせる毒があります。
有名なトリカブトもそうですし、
キンポウゲやシャクナゲの花も毒を持っています。
また、アジサイの葉には、青酸カリに似た物質が含まれ、虫から身を守っています。

Q トゲがあれば、食べられずにすむの？

A キリンなどは、アカシアの鋭いトゲを気にせず枝や葉を食べます。

キリンは、10cmもあるアカシアのトゲをもろともせず、若い枝や葉を食べます。長くよく動く舌を枝や葉にからめて食べます。口の中は皮のように固いので、トゲが刺さることはありません。ラクダやヤギも舌が長く、口の中が丈夫なので、トゲを気にせずにアカシアを食べます。

キリンの食事風景。

Q② 毒やトゲ以外に、武器はあるの?

A カミソリのような葉を持つ植物がいます。

ナガハグサやススキなど、イネのなかまは、葉のふちにごく小さな珪石（鉱物の石英）が一列に並んでいます。葉をちぎろうとして引っぱると、珪石が刃物ようになり、傷をつけます。

ススキの葉のふちの顕微鏡写真。珪石がのこぎりの歯のように一列に並んでいます。

Q③ ほかにも植物が身を守る方法はあるの?

A 葉が食べられるとSOSの香りを発する植物も。

アオムシに葉を食べられたキャベツは、「SOS」あるいは「ここにおいしいエサがあるよ」を意味する香りを出し、アオムシに卵を産み付ける体長2mmほどの小さな寄生バチ、アオムシコマユバチを呼び寄せてアオムシを退治します。

COLUMN 毒やトゲではなく、ボディガードを雇う「アリ植物」

植物は花粉運びの報酬として、昆虫に蜜を吸わせますが、たいていそのとき限りの関係です。報酬として、植物に住まわせ、しかも葉も食べさせるという関係を持つのが「アリ植物」です。アリはボディガードとして、ほかの虫を撃退し、茎に絡みつくツル植物などを噛みちぎります。こうしてアリとアリ植物は、究極のギブアンドテイクの関係を持っているのです。

アリ植物の「アリアカシア」。鋭いトゲは中が空洞で、アリの住まいとなり、葉柄には蜜腺があり、アリはそれをなめます。

113

Q
植物の先祖はなに?

西オーストラリアのシャーク湾には、植物の遠い祖先にあたるシアノバクテリア（ラン藻）が無数に集まった、岩のように見えるストロマトライトが多数あります。ここで生きているシアノバクテリアは、太古と同じように光合成で酸素をつくって、気泡となって上がってきます。

A
シアノバクテリアという細菌を細胞に取り込んだ微生物です。

Q 植物の先祖はなに？

岩のようなストロマトライトが、植物の遠い祖先に関係しています。

ストロマトライトは、植物の祖先が生まれるときに欠かせなかった生物、シアノバクテリア（ラン藻）の集まりで、高さ50cmほどあります。数十億年前には、ストロマトライトが世界中に広がっていたことが化石から分かっています。約30億年前に地球上に出現し、光合成によって酸素を生産してきました。

シアノバクテリアは、いったい何をしたの？

A 地球を大変貌させました。

シアノバクテリアは、数十億年にわたる活動によって、大気中の酸素濃度を大きく変えました。植物の特徴は、光合成を行う葉緑体があることですが、シアノバクテリアは植物の直接の先祖というよりは、植物の葉緑体の先祖といったほうが正確です。植物細胞の祖先と共生して、葉緑体となり、植物の進化を導きました。

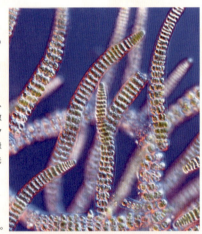

シアノバクテリアの顕微鏡写真。

約5億年以上前のカンブリア紀に生息していたオパビニア（体長4～7cm）が、ストロマトライトの近くを泳ぐ想像図。単細胞の藻類、ミドリムシのような植物プランクトンなどは、シアノバクテリアが共生した細胞を持つ生物から進化しました。

シダのなかまのマツバラン。最初に上陸した植物クックソニアに似ていると言われています。

Q2 数十億年前の地球には、酸素はあったの？

A 1%もありませんでした。

大気中の酸素は1%もなく、二酸化炭素ばかりでした。光合成生物のおかげで、現在は空気の約21%が酸素です。

COLUMN 最初に上陸した植物は何？

植物が海から陸上に進出したのは、胞子の化石から推測して、約4億7千万年前と考えられています。それがコケ植物の祖先だったのか、シダ植物の祖先だったのか、あるいは両方の祖先だったのかは、まだ決着がついていません。その後、コケでもシダでもなく、維管束を持たない約4億2千万年前の植物体の化石が見つかりました。これが現在のところ世界最古の陸上植物とされているクックソニアです。

化石をもとに作成されたクックソニアの復元想像図。

Q 植物がなくなったら、どうなるの？

イングリッシュブルーベルの咲き誇るの森。

A
ほかの生物たちも、
生きていけなくなります。

Q 植物がなくなったら、どうなるの？

サバイバル力のある植物は、動物が滅びても生きていけます。

ヒトを含めた動物は、ほかから栄養をもらわなければ生きていけません。
一方、植物は自分で栄養をつくり生きています。
ですから、地球から植物が消えたら、ヒトや動物は滅びてしまいます。
しかし、昆虫も滅びたら、ほとんどの被子植物も滅びてしまうでしょう。
陸で残る植物は、コケ植物やシダ植物のほか、
風媒花の裸子植物と被子植物ということになるかもしれません。

食べられてしまう植物が、なぜ繁栄しているの？

A 食べられることで、生息領域を拡大させるからです。

植物は、昆虫などに花粉を運ばせ、動物などに果実を食べさせることで種子を移動させ、ほかの生物を養い育てながら、自分の子孫をどんどん増やします。植物はどの生物よりも繁殖力があると考えることもできるのです。

アフリカゾウの食事風景。

ハルパゴフィツム。トゲのある白い部分が実。種子の入った鞘（さや）を囲むように四方八方にトゲが出ているので、これを踏んだら大変です。

Q2 植物の繁殖力を示す例はほかにもある？

A 鋭いトゲで動物に食い込み、種子を遠くまで運ぶ植物もいます。

アフリカのハルパゴフィツム（デビルズクロー、悪魔の爪とも）という植物は、世界最強のトゲを持つ実をつけます。このトゲは身を守るためというよりは、ゾウやサイなどの大型動物に踏ませて足に食い込ませ、種子を遠くまで運ばせるためのものです。

COLUMN 骨もないのに植物が立っていられるのはなぜ？

植物細胞には、動物細胞にはない、細胞壁、葉緑体、液胞があります。植物の1つひとつの細胞は、「細胞壁」に囲まれていて、このおかげで立っていられるのです。

植物細胞の顕微鏡写真。丸い緑は葉緑体（クロロプラスト）で、薄茶色の部分が細胞壁です。

一度は行ってみたい世界の絶景花畑 5

花と愛の伝説で絶景を楽しむ

クロッカスの花が延々と咲き渡る。スイスを代表する山、
アイガーふもとに広がる高原。

花 クロッカスはアヤメのなかまで、ヨーロッパ南部や地中海沿岸、小アジアを原産地としています。寒さに強く、園芸では球根を秋に植えて、春に花を咲かせます。花の丈は低く、地上すれすれに咲き、花色は黄色・白・薄紫・紅紫色・白に藤色の絞りなどがあり多彩です。

伝説 クロッカスは学名で、ギリシア神話に出てくる悲劇の美少女、クローカスに由来します。あるときクローカスと婚約者のヘルメスは、雪山にそり遊びに行きますが、クローカスは雪深い谷底に転落し、命を落とします。ヘルメスはクローカスの遺体を見つけましたが、彼女が忘れられず、翌年の早春にもクローカスを見つけた谷に行ったところ、可憐で美しい花が咲いていました。ヘルメスは、「この花はきっとクローカスの生まれ変わりに違いない」と信じ、花の名前を「クロッカス」と呼ぶことにしました。それ以後、毎年早春になると2人の愛を証しするかのように、咲き続けていると言われています。

Q
世界でいちばん大きな花は？

A
ラフレシアです。

世界一大きな花、インドネシアのジャングルで咲くラフレシア・アルノルディ。

Q 世界でいちばん大きな花は？

直径が1m近くにもなる、世界最大の植物はじつは寄生植物でした。

ラフレシアは動物の腐肉のような強烈なにおいを発散します。
そこに引き寄せられるのはハエで、ハエがラフレシアの花粉を運びます。
花が咲いているのは2〜3日で、
現地でも咲いている姿を見るのは難しいと言われています。

Q ラフレシアには、葉も茎もないようだけど？

A 葉や茎はありません。
栄養や水分はほかから
横取りしています。

ラフレシアは、ブドウ科の植物に寄生して、栄養分はそこから吸収します。そのため、ほかの植物のように栄養をつくったり、蓄えたりする葉や茎は必要ないのです。

19世紀初め、ヨーロッパ人が初めて発見したときに描かれたラフレシアの銅版画。

ラフレシアのつぼみ

Q2 ほかにも大きな花はないの？

A サトイモのなかまで、高さが3mもある花があります。

ショクダイオオコンニャクは、サトイモのなかま。高さは3m以上になることもあり、ラフレシアのように腐った肉のにおいが強烈です。世界一臭いと言われています。

ショクダイオオコンニャクは、インドネシアのスマトラ島の熱帯雨林に自生します。7年に1度、2日間しか咲かない花で、これも世界最大の花として有名です。

Q3 花ではなく葉が大きい植物を教えて。

A ウェルウィッチアは1枚の葉の長さが6mにもなります。

地球でもっとも乾燥していると言われる南アフリカのナミブ砂漠とアンゴラにだけ分布している裸子植物です。長い葉が何枚もあるように見えますが、じつは2枚しかありません。葉の成長の途中で、風や茎のねじれによって裂けて何枚にも見えるのです。1枚の葉の長さが6mという記録もあります。

ウェルウィッチア。和名はサバクオモト、あるいはキソウテンガイです。

セコイアメスギは高さが100mを超えることで知られ、幹も太く、直径5mを超えます。根や幹、枝や葉など、すべてを含めた重さは、6000トンを超えると推定されています（アメリカ・カリフォルニア州にあるレッドウッド国立・州立公園）。

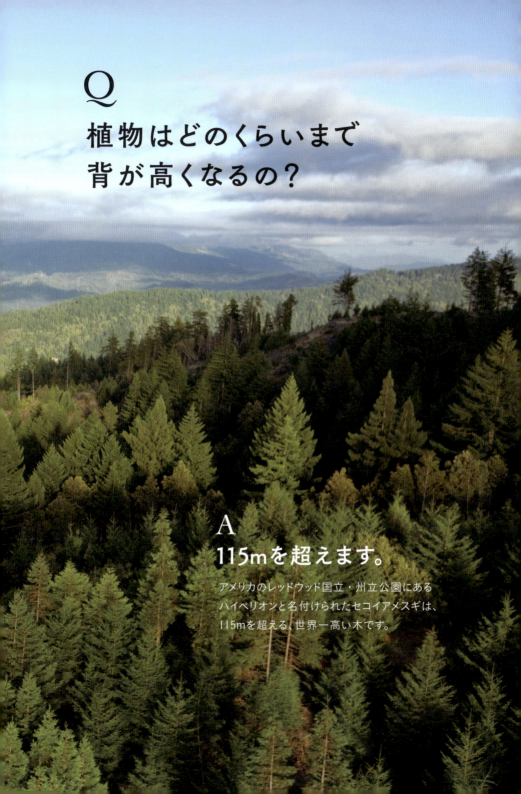

Q
植物はどのくらいまで背が高くなるの？

A
115mを超えます。

アメリカのレッドウッド国立・州立公園にあるハイペリオンと名付けられたセコイアメスギは、115mを超える、世界一高い木です。

Q 植物はどのくらいまで背が高くなるの？

高さ100mを超える木は、すべてアメリカにあります。

背の高さが100mを超える木は、すべてアメリカ・カリフォルニア州のレッドウッド国立・州立公園にあるセコイアメスギ（セコイアスギ）です。かつて120mを超える木があったと言われていますが、現在は確認がとれていません。

Q 背の高い木はどうやって水をてっぺんまで届けているの？

A 4つの力で届けています。

「根圧」「毛細管現象」「蒸散」「凝集力」という4つの力で届けています。

下から見たセコイアメスギ。

水を届ける4つの力

① 根の根圧
② 毛細管現象
③ 葉の蒸散作用
④ 凝集力

① 根元にある水を押し上げる「根圧」です。
② 木の中にある、細い水の通り道（導管）に生じる「毛細管現象」による水の上昇です。
③ 葉の裏側にある気孔から水蒸気を出す「蒸散作用」による水の吸い上げです。
④ 水の分子がばらばらにならないようにする「凝集力」で、水は途切れることなく、木のてっぺんまで届きます。

トゥーレの木。木の高さは約35mで、重さは約640トンです。

Q2 木の幹が世界でいちばん太い木は?

A メキシコにあります。

メキシコの巨木、「トゥーレの木」は、スギのなかまで、直径約11m、周囲約36m。30人が腕を広げて、ようやく周囲を囲める太さです。樹齢は、1400〜1600年くらいで、サンタ・マリア・デル・トゥーレという町の中心にあることから「トゥーレの木」と呼ばれています。

COLUMN

「ジャックと豆の木」のモデルの木がある?

童話「ジャックと豆の木」に出てくる豆の木のモデルは、ナタマメ(鉈豆)という説と、モダマ(藻玉)という説があります。たしかに、ナタマメもモダマも豆は大きいのですが、ナタマメは1年草(草です)で、あまり高くなりません。モダマは、背の高くなる常緑の木性つる植物で、豆は長さ1mと、ケタ外れに大きいので、これなら巨人の腹を満足させるのではないかと思われます。

モダマはアフリカからアジアにかけての熱帯と亜熱帯に分布。日本では奄美大島などで見られます。

Q 世界最高齢の木って何歳くらい？

アメリカの標高4000mを超えるホワイトマウンテンの山麓にあるインヨー国有林には、ブリッスル・コーンパインという年を取ったマツの林が広がっています。和名はイガゴヨウマツ。

A
5000歳を超える、
ブリッスル・コーンパインです。

Q 世界最高齢の木って何歳くらい？

推定値では20万歳にもなる植物も存在しています。

ブリッスル・コーンパインのもっとも年老いた木は、
2012年の計測の結果、樹齢5062年と言われています。
日本では鹿児島県の屋久島に自生する屋久杉で、
「縄文杉」と名付けられたスギの樹齢が、3000年ほどといいます。

Q もっと長生きする植物はないの？

A キングス・ロマティアなど、いくつかあります。

オーストラリアのタスマニア州にあるキングス・ロマティアという300年くらい生きる植物は、枝が落ちてそれがクローン成長するので、推定約4万4000年以上は生きられると考えられています。絶滅危惧種です。地中海で自生する海草、ポシドニア・オセアニカ（ネプチューン草）は、あくまでも推定ですが、最高で20万歳と言われています。

地中海の海底に広がるポシドニア・オセアニカの草原。樹木ではなく、海の草ですが、推定10万歳くらいのもが多いと考えれらています。海底が砂地で、透明度が高く、水温は10〜28℃くらいの、水深1〜35mのところで群生し、広大な海の草原を形成しています。

アメリカのインヨー国有林に広がる年老いたブリッスル・コーンパインの林。枯れた部分もありますが、緑色の針状の葉をつけた枝が見つかれば、まだ生きている証拠となります。

Q2 シーラカンスのように「生きている化石」と呼ばれる植物はないの？

A あります。

植物の生きている化石と言われる「ジュラシック・ツリー」は、2億年も前から存在する世界最古の種子植物で、草食恐竜の頭がヌッと出てきそうな茂みをつくります。40mほどの高さに育ち、1000年は生きます。ジュラシック・ツリーという名は日本での愛称で、正式名称はウォレマイ・パイン。1994年にオーストラリアのウォレマイ国立公園内の渓谷で発見されたのが由来です。希少種で、日本では東京ディズニーリゾートで見られます。

ジュラシック・ツリー。

COLUMN 樹齢はどうやって調べるの？

成長錐を使った標本の抜き取り（左）と、標本（右）。

木の切り株を見れば年輪があり、それを数えれば樹齢が分かります。しかし、生きている木を切り倒すわけにはいきません。木を殺さない方法は、ハンドルのついた「成長錐」を使います。細い円筒形のドリルを突き刺し、直径5mm程度の年輪の標本を取り出して年輪を数えるのです。抜き取った標本は測定終了後もとにもどします。

写真提供：
クリマテック株式会社

Q
バラ以外で種類の多い
植物を教えて。

A
ランです。
野生種で2万6000種もあります。

ランの王様、コチョウラン。

Q バラ以外で種類の多い植物を教えて。

あの手この手で生き抜き、したたかに進化した植物。

バラの品種のほとんどは、品種改良によるものですが、ランは野生種で2万6000種。およそ8000万年前にランが登場し、恐竜絶滅時代を生き延び、どんな環境でも生きられるように多様化したと考えられています。南極以外のすべての大陸の熱帯から亜寒帯で生育し、現在も進化を続けている植物なのです。

Q ランは、なぜそんなに種類が多いの？

A 昆虫に好かれるためです。

ランは、あの手この手で、昆虫に花粉を運ばせるための工夫を重ね、さまざまに進化したと考えられています。ユニークな形や豊富な色彩は、それぞれのランに特有な昆虫に来てもらうため進化してきた、ランの巧妙な戦略なのです。

まるで飛ぶ鷺のように見えるサギソウというラン。黄色の部分は花粉の塊で、スズメガなどが花粉の奥にある蜜を長い口吻を伸ばして吸うと、花粉塊が複眼につき、花粉を運ばされるというしかけです。スズメガの飛行距離は長いので、サギソウは遠くのランと種子をつくることができるのです。

Q② 種類が多いなら、花の形も多彩?

A 多彩です。

ランには花びらが6枚あります。外側に3枚（外花被片）、内側に3枚（内花被片）です。ランの花は花びらが左右対称に配置されているのが特徴。内側の1枚を唇弁（しんべん）といい、袋状になったりしていて、ほかの花びらとは似ていません。これが昆虫を呼び寄せるしかけの花びらです。

オルキス・イタリカというランは、まるで帽子をかぶった人形がたくさんぶら下がっているような花を咲かせます。

ドラキュラ・ゴルゴーナというラン。

日本のラン、アツモリソウ。花びらの1枚が変形した大きな袋状の唇弁が特徴。ここに虫が入り込むと、入口から出られなくなり、唇弁の奥にある別の出口から這い出ることになります。そのときに粘液状の花粉がくっついて、受粉を手伝うことになります。ちなみに、アツモリソウは、採取禁止の植物です。

Q
面白い姿をした花を教えて!

カルセオラリア・ユニフローラは、「レディスリッパ」「ハッピーエイリアン」とも呼ばれます。南米チリ、トーレス・デル・パイネ国立公園にて。

A
カルセオラリア・ユニフローラは
一見、小鳥のようにも見える花です。

Q 面白い姿をした花を教えて！

どんなに風変わりでも、まぎれもなく花です。

花の形や色は種類によって違いますが、
同じ種類の花でも色や模様が異なるものがあります。
なかには、他の動物などに見まがう
風変わりな形や模様をもつ花もたくさんあります。

① もっと変わった花があったら教えて？

A クリアンサス・フォルモススは、
砂漠に降り立ったエイリアンのようです。

クリアンサス・フォルモススはオーストラリア西部の乾燥地帯に自生することから、「デザートピー（砂漠のマメ）」とも呼ばれています。上方に立つ旗弁（旗のような花びら）の基部が黒く丸く突き出し、まるでエイリアンの目のようにも見える人気のある花です。

② かわいい花を、教えて！

A ウサギゴケはどうでしょう。

ウサギゴケといってもコケのなかまではなく、食虫植物のタヌキモのなかまです。ウサギの耳のような花びらが愛らしいかわいい顔をしていますが、食虫植物です。南アフリカ共和国の固有種です。

ペチュニア・ナイトスカイ。満天の星空とすばる（プレアデス星団）は、ナイトスカイの花模様とそっくりです。

Q3 一度見たら忘れられない花ってある？

A　ペチュニア・ナイトスカイは、星をちりばめたような花です。

ペチュニアはナスのなかま。花はふつうアサガオに似ていますが、アサガオはサツマイモのなかまです。

Q4 見たらギクッとするような花は？

A　タッカ・シャントリエリを見たら、たじろぐかもしれません。

東南アジア原産のタッカ・シャントリエリは、「バットフラワー（コウモリの花）」とも呼ばれ、初めて見たらコウモリと見間違えてしまいそうです。不気味な悪魔か、黒猫にも見えるので、「デビルフラワー」や「ブラックキャット」という名もあります。コウモリの羽のような部分は花ではなく、花のつぼみを包んでいた葉が変形した苞葉です。花は苞葉に囲まれた星形の部分です。ひげのように垂れ下がっているのは、花柄（かへい）という花をつけなかった茎です。

Q
めったに
咲かない
花を教えて！

A
マダケは
120年に1度しか
咲きません。

120年というと、人の一生で1回見られるかどうかです。1960年代中ごろに全世界で一斉開花しました。その前の開花がそれより120年前だったので、マダケの開花周期は120年というわけです。

マダケ。

> Q めったに咲かない花を教えて！

一晩だけの花もあれば、
数十年に1度の花もある。

タケは、ふつう栄養生殖で増えます。それがタケノコです。
栄養生殖は花が咲かなくとも子孫が増える無性生殖の一種です。
マダケは120年周期、モウソウチクは約60年周期で花を咲かせます。
このときに初めて有性生殖をして種子ができます。開花した後は、竹林全体が枯れます。

Q 身近で、めったに見られない花は？

A 「月下美人」は一晩だけしか咲きません。

月下美人は、メキシコの熱帯林原産です。夜に咲き、芳香でコウモリをおびき寄せ、花粉を運んでもらいますが、年に一晩だけしか咲きません。多くても咲くのは2回だけです。

月下美人の花。

② めったに咲かない花を、ほかにも教えて！

A 変わった形の花がいろいろあります。

アフリカの高山キリマンジャロのふもとには、6〜7年に1度咲き、高さ3m以上にもなるジャイアントセネシオがあります。南米のプヤ・ライモンディは、100年生きて、最後に花を咲かせて枯れます。ハワイには、数十年かけ、生涯に1度だけ咲く高山植物、シルバーソードがあります。

写真向こうがジャイアントセネシオ。手前は人の高さほどあるロベリアテレキィ（ジャイアント・ロベリア）です。

南米ペルー、4300mの高地に咲くプヤ・ライモンディ（パイナップルのなかま）。成長が遅く、100年かかって最後に花を咲かせて枯れます。このためセンチュリープラントという別名があります。

COLUMN　触ると枯れるシルバーソード（銀剣草）

花が咲くまで30年以上、咲いたら種を残し、数か月で枯れて生涯を終えます。ハワイやヒマラヤの3000m以上の高地で生育します。キクのなかまで、2〜3mに成長することも。とても繊細な絶滅危惧種で、人が触ると、人間の体温で枯れてしまうので、現地では手で触れたら法律違反です。葉には細かい毛が生えていて、これが光に反射して葉全体が銀色に見えます。

Q
花の女王がバラなら、
王様もあるの？

キングプロテアは南アフリカ共和国の国花。
プロテアのなかまは、南アフリカを中心に
115種ほどあります。

A
キングプロテアなど、
たくさんあります。

Q 花の女王がバラなら、王様もあるの？

王や女王と呼ばれる花は
世界各地で咲いています。

花の女王と呼ばれるのはバラのほか、カトレア、ベゴニアなどがあります。
花の王と呼ばれるのは、南アフリカではキングプロテア、
メキシコ・中米なら皇帝ダリアなどがあります。

Q 王や女王と呼ばれる植物をもっと教えて！

A 日本のボタンのほか、世界各地にあります。

花の王、女王には、ツル植物の女王「クレマチス」、ランの王様「胡蝶蘭」、ランの女王「カトレア」、高山植物の女王「コマクサ」、断崖の女王「シンニギア」など、たくさんあります。

高山植物の女王「コマクサ（駒草）」。
花ことばは「高嶺の花」「誇り」など。

日本の花の王様「ボタン(牡丹)」。「富貴草」「富貴花」「百花王」「花王」「花神」「花中の王」「百花の王」など、たくさん別名があります。

ツル植物の女王「クレマチス」。花の形から「カザグルマ」という名もあります。

断崖の女王「シンニギア」。ブラジリアン・エーデルワイスという別名もあります。

皇帝ダリアは背高く咲きます。皇帝ダリアは別名で、学名を翻訳してつけられました。木のように背高く咲くことから、和名はキダチダリアです。メキシコ、中米、コロンビア原産。

COLUMN 花の女王「バラ」の名前の付け方

ほとんどのバラは、品種改良によって生まれ、現在も品種改良が続けられています。新たな品種の名前は、品種改良の開発者が命名の権利を持っています。開発者本人の名前でもかまいませんが、そのバラが開発された時代を象徴したり、代表したりするような人物、超有名なセレブ、芸術家、王侯貴族の名前を付けることも多いようです(クイーン・エリザベス、プリンセス・ミチコ、ミケランジェロなど)。

モナリザというバラ。

サンカヨウ。
ガラスのように透明になる花びらが特徴です。

植物名索引

ア
アカシア ・・・112
アガパンサス ・・・28
アサガオ ・・・62、64、65
アジサイ ・・・50、52
アスパラガス ・・・4
アツモリソウ（ラン）・・・139
アブラナ ・・・17
アマモ ・・・109
アムボレラ ・・・20
アメリカネムノキ ・・・91
アヤメ ・・・76、78
アリアカシア ・・・113
アルソミトラ（和名ハネフクベ）・・・43
アングレカム・セスキペダレ（ラン）・・35

イ
イガゴヨウマツ ・・・132
イネ ・・・17、113
イロハモミジ ・・・82
イングリッシュブルーベル ・・・118

ウ
ウェルウィッチア ・・・127
ウォレマイ・パイン ・・・135
ウサギゴケ ・・・142

オ
オジギソウ ・・・61
オナモミ ・・・42
オルキス・イタリカ（ラン）・・・139

カ
カエデ ・・・83
カキツバタ ・・・78
ガクアジサイ ・・・53
カランドリニア ・・・46
カルセオラリア・ユニフローラ ・・・140

キ
キク ・・・16
キングプロテア ・・・148
キンポウゲ ・・・110
キンモクセイ ・・・29
御衣黄（ギョイコウ）・・・53

ク
クズ ・・・61
クックソニア ・・・117
クリアンサス・フォルモスス ・・・142
クレオメ ・・・22
クレマチス ・・・151
クロッカス ・・・1、122
クロマツ ・・・34

ケ
月下美人 ・・・146

コ
皇帝ダリア ・・・151
ゴールデン・メダリオン（バラ）・・・73
コケ ・・・36、38
コスモス ・・・9、21
コマクサ（駒草）・・・150

サ
サギソウ（ラン）・・・138
サクラ ・・・10、12
サザンカ ・・・79
サワロサボテン ・・・87
サンカヨウ ・・・154

シ
シアノバクテリア ・・・115、116
シイタケ ・・・105
シダ ・・・38
シダレザクラ ・・・91
ジャイアントセネシオ ・・・147
ジャスミン ・・・25
ジュラシック・ツリー ・・・135
ショクダイオオコンニャク ・・・127
シルバーソード（銀剣草）・・・147
シンニンギア ・・・151

ス
スイレン ・・・79
スカレシア ・・・99
スギ ・・・90、98
スギゴケ ・・・39
スコーピオンウィード ・・・45
ススキ ・・・113
ストロマトライト ・・・114、116

セ
セイヨウタンポポ ・・・69
セコイアメスギ ・・・128、130
ゼニゴケ ・・・38

ソ
ソテツ ・・・21
ソメイヨシノ ・・・13

タ
竹 ・・・96、98
タッカ・シャントリエリ ・・・143
タマゴダケ ・・・102
タンブルウィード ・・・42
タンポポ ・・・2、9、66、68、69

チ
チューリップ ・・・6、8、48

ツ
ツガザクラ ・・・98
ツバキ ・・・79、95

ト
トゥーレの木 ・・・131
ドラキュラ・ゴルゴーナ（ラン）・・・139
ドラゴンブラッドツリー
（リュウケツジュ／竜血樹）・・・88
ドラゴンフルーツ ・・・29

ナ
菜の花 ・・・100

ニ
ニセアカシア ・・・61

ネ
ネムノキ ・・・58、59、60

ハ
ハエトリグサ ・・・61
ハオルチア ・・・47
ハス ・・・79
ハナキンポウゲ ・・・74
ハナショウブ ・・・77、78
バラ ・・・25、28、70、72、73、151
ハルパゴフィツム ・・・121

ヒ
ヒマワリ ・・・35、54、56、57
ヒマワリ（セーラームーン）・・・57
ビワ ・・・17
ピンクッション ・・・45
ピンクローズ（バラ）・・・70

フ
ブーゲンビリア ・・・24
フジ（オオナガフジ）・・・14
ブヤ・ライモンディ ・・・147
フリージア ・・・33
ブリッスル・コーンパイン ・・・132、135

ヘ
ペチュニア ・・・24
ペチュニア・ナイトスカイ ・・・143
ペニテングタケ／ペニテングダケ ・・・104

ホ
ポインセチア ・・・83
ホウセンカ ・・・40
ポシドニア・オセアニカ
（ネプチューン草）・・・134
ボタン（牡丹）・・・151
ポピー ・・・18
ポプラ ・・・82

マ
マダケ ・・・144、145
マツバラン（シダ）・・・117
マリーゴールド ・・・24

モ
モクレン ・・・20
モダマ ・・・131
モッコウバラ ・・・72
モナリザ（バラ）・・・151
モミジ ・・・43、83
モンステラ ・・・87

ヤ
ヤシ ・・・42、90
ヤマイグチ ・・・104
ヤマザクラ ・・・13
ヤレータ ・・・39

ユ
ユッカ ・・・160
ユリ ・・・28

ラ
ラナンキュラス ・・・74
ラフレシア ・・・124、126
ラベンダー ・・・26
ラン（コチョウラン）・・・136

リ
リトープス ・・・47

ル
ルドベキア ・・・23
ルピナス ・・・30

レ
レインボーユーカリ ・・・99
レウム・ノビレ ・・・69

ロ
ロベリアテレキィ ・・・147

Photographers List フォトグラファーリスト

カバー　alinamd/123RF

1　©Ellen Rooney/Robert Harding/amanaimages
2　©KOTARO SANO/SEBUN PHOTO/amanaimages
4　©YASUNO SAKATA/a.collection/amanaimages
6　©KAZUO OGAWA/orion/amanaimages
8　iStock.com/caoyu36
9　上：河西裕邦 / アフロ
9　下：photolibrary
10　© まりも
12　photolibrary
13　上：HIT1912 / PIXTA（ピクスタ）
13　下：photolibrary
14　©SHOGORO/SEBUN PHOTO/amanaimages
16　上：©ART SPACE/amanaimages
16　下：iStock.com/KatarinaGondova
17　上：photolibrary
17　下：photolibrary
18　©Matt Walford/Cultura RF/amanaimages
20　左：Greenhouse, Florida International University, Miami, Florida, USA/Scott Zona
20　右：photolibrary
21　上：iStock.com/ooyoo
21　下：iStock.com/valentinacalatrava
22　©Mitsushi Okada/amanaimages
24　上左：iStock.com/Pilat666
24　上右：iStock.com/schnuddel
24　下：iStock.com/-101PHOTO-
25　上：iStock.com/draganab
25　下：Blue Rose "APPLAUSE" /4 May 2011/photo by Blue Rose Man
26　©JP/amanaimages
28　上左：iStock.com/Henrique NDR Martins
28　上右：©matsuka kenjiro/Nature Production/amanaimages
28　下：iStock.com/heliopix
29　上：photolibrary
29　下：iStock.com/enviromantic
30　©C.O.T/a.collectionRF/amanaimages
32　©Tetsuya Tanooka/orion/amanaimages
34　photolibrary
35　上：photolibrary
35　下：©imamori mitsuhiko/Nature Production/amanaimages
36　©TAKASHI KOMATSUBARA/a.collectionRF/amanaimages
38　上左：コケ / シロップ
38　上右：photolibrary
38　下：シノ / PIXTA（ピクスタ）
39　上：©izawa masana/Nature Production/amanaimages
39　下：iStock.com/patostudio
40　©kuribayashi satoshi /Nature Production/amanaimages
42　上：iStock.com/JoeDphoto
42　下左：photolibrary
42　下右：iStock.com/yurybosin
43　上左：photolibrary
43　中左 photolibrary

43　上右：iStock.com/bannerwega
43　下左：iStock.com/BirdImages
43　下右：photolibrary
45　©Thomas Kokta / Radius Images/amanaimages
46　©Koichi Fujiwara/NATURE'S PLANET MUSEUM/amanaimages
47　上：©KATSUHIRO YAMANASHI/SEBUN PHOTO/amanaimages
47　下左：photolibrary
47　下右：photolibrary
48　©Jason Langley/awl images/amanaimages
50　© まりも
52　iStock.com/gdmoonkiller
53　上：マサ / PIXTA（ピクスタ）
53　中：Transferred from nds.wikipedia to Commons..org by G.Meiners at 12:05, 15. Okt 2005.
53　下：photolibrary
54　©HIROSHI KURODA/SEBUN PHOTO/amanaimages
56　iStock.com/Achisatha Khamsuwan
57　上：iStock.com/Salma_lx
57　中：©kubo hidekazu/nature pro./amanaimages
57　下：photolibrary
58　ピカ / PIXTA（ピクスタ）
59　©Ryoji Okamoto/SEBUN PHOTO/amanaimages
60　photolibrary
61　上左：photolibrary
61　上右：photolibrary
61　中：©Gakken/amanaimages
61　下：photolibrary
62　今井悟 / アフロ
64　上：iStock.com/ruiruito
64　下：iStock.com/Ogphoto
65　上：iStock.com/stanley45
65　下：国会図書館
66　©masuda modoki/Nature Production/amanaimages
68　iStock.com/Chepko
69　上左：bunnbukuP / PIXTA（ピクスタ）
69　上右：mrfive
69　中：RewSite / PIXTA（ピクスタ）
69　下：©yoshida toshio/Nature Production/amanaimages
70　iStock.com/Belikart
72　photolibrary
73　上：iStock.com/jacobeukman
73　下：photolibrary
74　©YOSHIHIRO TAKADA/SEBUN PHOTO/amanaimages
76　©KATSUMASA IWASAWA/SEBUN PHOTO/amanaimages
77　©daj/amanaimages
78　上：©JAPACK/orion/amanaimages
78　下左：Satu@ 榎田博司 / PIXTA（ピクスタ）
78　下右：©JAPACK/a.collectionRF/amanaimages
79　上左：photolibrary
79　上右：photolibrary

79 下左：masa / PIXTA（ピクスタ）

79 下右：ri3photo / PIXTA（ピクスタ）

80 ©pasmal/a.collectionRF/amanaimages

82 上：iStock.com/Suradech14

82 下左：iStock.com/summerphotos

82 下右：photolibrary

83 上：photolibrary

83 下：Fuchsia / PIXTA（ピクスタ）

84 iStock.com/Andrey Danilovich

86 上：田村洋一 / アフロ

86 下：blew.p / PIXTA（ピクスタ）

87 上：piko / PIXTA（ピクスタ）

87 下：iStock.com/davelmorgan

88 ©Blend Images/amanaimages

90 上：iStock.com/segawa7

90 下：iStock.com/Toru-Sanogawa

91 上：photolibrary

91 下：iStock.com/js1cui

92 ©David Schultz/Mint Images/amanaimages

94 robertharding.com/© Gavin Hellier

95 上：photolibrary

95 下：photolibrary

96 三木光 / アフロ

98 上左：photolibrary

98 上右：photolibrary

98 下：photolibrary

99 上：©Koichi Fujiwara/NATURE'S PLANET
MUSEUM/amanaimages

99 下：iStock.com/GlowingEarth

100 ©SAN/a.collectionRF/amanaimages

102 ©HIROSHI KOMABA/a.collectionRF/amanaimages

104 上：花鳥苔好き / PIXTA（ピクスタ）

104 下：sengnsp / PIXTA（ピクスタ）

105 上：©SHOHO IMAI/a.collectionRF/amanaimages

105 下：photolibrary

106 ©Hiroshi Takeuchi/MarinepressJapan/amanaimages

108 ©Gakken/amanaimages

109 上：©Minden Pictures/Nature Production/amanaimages

109 下：©Minden Pictures/amanaimages

110 iStock.com/IakovKalinin

112 photolibrary

113 上：廊下のむし

113 下：Acacia ants (Pseudomyrmex ferruginea)/13 April
2008/photo by Ryan Somma

114 ©TAKAJI OCHI/SEBUN PHOTO/amanaimages

116 上：©PASIEKA/SCIENCE PHOTO LIBRARY/
amanaimages

116 下：iStock.com/CoreyFord

117 上：月島 / PIXTA（ピクスタ）

117 下：Siluriano superiore - Ca. 420 milioni di anni./photo
by Matteo De Stefano/MUSE

118 ©Blend Images/amanaimages

120 iStock.com/Blizzardtoo

121 上：©Secrétariat CITES/Henri pidoux

121 下：iStock.com/alanphillips

122 ©Helmuth Rier/Suedtirolfoto/LOOK-foto/amanaimages

124 ©imamori mitsuhiko/Nature Production/amanaimages

126 上：iStock.com/ilbusca

126 下：iStock.com/JapanNature

127 上：photolibrary

127 下：iStock.com/SoopySue

128 ©MICHAEL NICHOLS/ National Geographic Stock/
amanaimages

130 iStock.com/Focus_on_Nature

131 上：photolibrary

131 下：photolibrary

132 ©MASATOSHI KOIDE/SEBUN PHOTO/
amanaimages

134 ©Jose B. Ruiz/naturepl.com/amanaimages

135 上：Securiger

135 下：iStock.com/kwiktor

136 ©TSUNEO MATSUURA/SEBUN PHOTO/
amanaimages

138 iStock.com/kinpouge05

139 上左：iStock.com/macroworld

139 上右：©Minden Pictures/amanaimages

139 下左：iStock.com/AlxPortilla

139 下右：photolibrary

140 iStock.com/GerhardSaueracker

142 上：©Koichi Fujiwara/NATURE'S PLANET
MUSEUM/amanaimages

142 下：photolibrary

143 上左：©NIIGATA PHOTO LIBRARY/SEBUN
PHOTO/amanaimages

143 上右：magoroku / PIXTA（ピクスタ）

143 下：iStock.com/Julien Viry

144 photolibrary

145 ©hirano takahisa/Nature Production/amanaimages

146 Val / PIXTA（ピクスタ）

147 上左：©Minden Pictures/Nature Production/
amanaimages

147 上右：Puya raimondii flowering in Ayacucho, Peru./23
November 2006/Pepe Roque

147 下：photolibrary

148 ©orion/amanaimages

150 NISH / PIXTA（ピクスタ）

151 上左：photolibrary

151 上左：iStock.com/itasun

151 上左：内蔵助 / PIXTA（ピクスタ）

151 上右：photolibrary

151 下：photolibrary

152 ©TIM FITZHARRIS/MINDEN PICTURES/
amanaimages

154 ©igari masashi/Nature Production/amanaimages

158 yukid / PIXTA（ピクスタ）

160 ©HIRONOBU TAKEUCHI/SEBUN PHOTO/
amanaimages

158 yukid/PIXTA（ピクスタ）

160 ©HIRONOBU TAKEUCHI/SEBUN PHOTO/
amanaimages

主な参考文献（順不同）

『面白くて眠れなくなる植物学』稲垣栄洋（PHPエディターズ・グループ）

『怖くて眠れなくなる植物学』稲垣栄洋（PHPエディターズ・グループ）

『Newton別冊 知られざる花と植物の世界 驚異の植物 花の不思議』（ニュートンプレス）

『植物の私生活』デービッド・アッテンボロー 監訳・門田裕一（山と渓谷社）

『植物の体の中では何が起こっているのか』嶋田幸久／萱原正嗣（ベレ出版）

『植物まるかじり叢書１ 植物が地球をかえた！』葛西奈津子 監修・日本植物生理学会（化学同人）

『植物まるかじり叢書２ 植物は感じて生きている』瀧澤美奈子 監修・日本植物生理学会（化学同人）

『植物まるかじり叢書３ 花はなぜ咲くの？』西村尚子 監修・日本植物生理学会（化学同人）

『植物まるかじり叢書４ 進化し続ける植物たち』葛西奈津子 監修・日本植物生理学会（化学同人）

『植物まるかじり叢書５ 植物で未来をつくる』松永和紀 監修・日本植物生理学会（化学同人）

『カラー版 極限に生きる植物』増沢武弘（中央公論新社）

『講談社の動く図鑑MOVE 植物』（講談社）

『小学館の図鑑NEO 植物』（小学館）

『植物はすごい』田中 修（中央公論新社）

『クイズ植物入門』田中 修（講談社）

『植物学「超」入門』田中 修（SBクリエイティブ）

『これでナットク！ 植物の謎』日本植物生理学会編（講談社）

『これでナットク！ 植物の謎 Part2』日本植物生理学会編（講談社）

『花の神話と伝説』C.M.スキナー 訳・垂水雄二／福屋正修（八坂書房）

『花とギリシア神話』白幡節子（八坂書房）

『花の神話』秦 寛博（新紀元社）

『植物名の由来』中村 浩（東京書籍）

日本植物生理学会ホームページ「みんなのひろば 植物Q&A」

愛のトンネル。ウクライナ西部のリウネ州クレーヴェン（クレヴァン）にあるトンネル。

監修者プロフィール

稲垣栄洋（いながき・ひでひろ）

1968年静岡生まれ。静岡大学農学部教授。農学博士、植物学者。農林水産省、静岡県農林技術研究所等を経て、現職。主な著書に『身近な雑草の愉快な生きかた』（ちくま文庫）、『植物の不思議な生き方』（朝日文庫）、『キャベツにだって花が咲く』（光文社新書）、『雑草は踏まれても諦めない』（中公新書ラクレ）、『散歩が楽しくなる雑草手帳』（東京書籍）、『弱者の戦略』（新潮選書）、『面白くて眠れなくなる植物学』（PHPエディターズ・グループ）など多数。

世界でいちばん素敵な
花と草木の教室

2018年 8月1日　第1刷発行
2024年 6月1日　第6刷発行

監修	稲垣栄洋
企画／文	遠藤芳文
編集	株式会社フレア
イラスト	山本悠
装丁	公平恵美
デザイン	山田麻由子
発行人	塩見正孝
編集人	神浦高志
販売営業	小川仙丈
	中村崇
	神浦絢子

印刷・製本　図書印刷株式会社
発行　株式会社三才ブックス
〒101-0041
東京都千代田区神田須田町2-6-5
OS'85ビル
TEL：03-3255-7995
FAX：03-5298-3520
https://www.sansaibooks.co.jp
mail　info@sansaibooks.co.jp
Facebook　https://www.facebook.com/yozora.kyoshitsu/
Twitter　@hoshi_kyoshitsu

※本書に掲載されている写真・記事などを無断掲載・無断転載することを固く禁じます。
※万一、乱丁・落丁のある場合は小社販売部宛てにお送りください。送料小社負担にてお取り替えいたします。

©三才ブックス 2018

ホワイトサンズの砂丘に咲くユッカの花。ニューメキシコ アメリカ。